"真菌皇后"
亭亭玉立

"竹荪之乡"
喜获丰收

大田畦栽
遮荫长菇

1

果林地免棚
栽培长菇

"竹荪之乡"毛
竹挺拔枝叶繁茂

竹制品企业下
脚料竹丝竹粉

木制品企业废
弃料杂木屑

建堆发酵

铺料播种

3

覆土盖草

畦床盖膜

搭架遮荫

4

菌球出现

菌球发育

破口抽柄

5

散裙成形

成熟采收

鲜菇摆放

6

烘干脱水

出机捆扎

回炉烘干

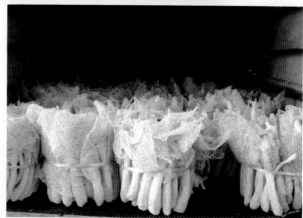

7

高允旺（左）在竹荪菌种室指导湖南会同县菇农选购优质菌种

指导田间管理

传授病虫害防治知识

观察菇蕾生长

新农村建设致富典型示范丛书

农林下脚料栽培竹荪致富
——福建省顺昌县大历镇

高允旺 编著

金盾出版社

内 容 提 要

本书系新农村建设致富典型示范丛书之一。内容包括：大历镇成为"中国竹荪之乡"，农林下脚料栽培竹荪新理念，竹荪栽培基础知识与基本设施，竹荪菌种制作，农林下脚料栽培竹荪技术，竹荪多种形式栽培技术，竹荪病虫害防治技术，竹荪采收与加工技术及产品标准。典型突出，内容新颖，技术先进，通俗易懂，许多栽培新技术属首次公开，针对性与可操作性强，适合于有志于食用菌产业的广大农户、专业合作社社员及基层农业科技人员阅读，对农林院校师生和科研人员有参考价值，亦可作为职业技能、农民创业培训教材。

图书在版编目(CIP)数据

农林下脚料栽培竹荪致富：福建省顺昌县大历镇/高允旺编著. -- 北京 ：金盾出版社，2011.8
（新农村建设致富典型示范丛书）
ISBN 978-7-5082-7009-8

Ⅰ.①农⋯　Ⅱ.①高⋯　Ⅲ.①竹荪属—栽培技术　Ⅳ.①S646

中国版本图书馆 CIP 数据核字(2011)第 111540 号

金盾出版社出版、总发行
北京太平路 5 号(地铁万寿路站往南)
邮政编码：100036　电话：68214039　83219215
传真：68276683　网址：www.jdcbs.cn
封面印刷：北京蓝迪彩色印务有限公司
正文印刷：北京金盾印刷厂
装订：兴浩装订厂
各地新华书店经销
开本：787×1092 1/32　印张：5　彩页：8　字数：101 千字
2011 年 8 月第 1 版第 1 次印刷
印数：1～8 000 册　定价：10.00 元

前　言

　　福建省顺昌县大历镇地处海峡西岸绿色腹地的特色产业区域,位于武夷山"双世遗"东南坡,面积 88.4 千米^2,人口9 467人,是一个山区农业镇。这里峰峦叠翠,长满"一节又一节,千枝套万叶"的毛竹林,山青水秀,风景美丽,土壤肥沃,素有"绿色金库"、"竹子之乡"的美誉。20 世纪 60 年代,著名演员赵丹、祝希娟联袂主演电影《青山恋》的外景,就是在这里拍摄的。

　　长期以来,大历镇农民"靠山、养山、吃山",以林为业。改革开放以来,在党的富民政策引导下,林区农民积极开拓林业原料的竹木制品加工,广开了致富门路。然而竹木企业废弃的边材碎屑,不仅影响环境整洁,且又占用场地,还给作业带来不便。20 世纪 90 年代初期,秀吴村农民甘立营从古田县引进竹荪菌种,利用这些废弃料栽培竹荪获得成功,成为大历镇竹荪种植第一人。从此,被誉为"真菌皇后"的竹荪,在闽北竹乡的大历镇农家落户繁衍。

　　初期由于对竹荪生物特性了解不全面,也没有相应的技术指导,产量低,价格却还不错。后来,一些村民跟着小面积种植。由于栽培技术不成熟,竹荪种植规模一直无法扩大,加上市场价格的波动,影响了种植经济效益。2000 年恰逢"南平机制"的实行,高允旺被县里委任为我镇科技特派员,凭着强烈的事业心和工作责任感,高允旺同志积极置身于竹荪栽培技术研发,经过不断试验,总结提高,终于研究成功竹荪"三增加、建堆发酵"栽培新技术,使每 667 米^2 面积的竹荪产量,由原来干品 45 千克提高到 100 千克,高产的达 170 千克,此项成果获南平市政府"科技进步三等奖"。

近年来,我镇把竹荪作为农业结构调整和农民增收的重要产业来抓,列为党委、政府的重要议事日程,加强组织领导,成立"竹荪高新研究所",组建"顺昌县竹荪协会",注册"竹荪专业合作社",创造性开展了"科普超市"活动,形成了科研、生产、技术推广、营销"一条龙",完善了竹荪产业链,促进竹荪生产持续稳步发展。近十年来,每年平均栽培竹荪面积千亩以上,成为福建省竹荪生产示范镇,"闽北竹荪之乡","大历竹荪"品牌被认定为"闽北知名商标"。

竹荪种植产业的崛起,使竹业进一步发展,竹木制品企业每年废弃的下脚料 8 万吨得到利用,"变废为宝",实现循环经济,低碳经济,企业增收,竹农受益。

小小一朵竹荪,给大历镇带来经济繁荣,实现了村美、人富的美好愿景,全镇从事竹荪生产及其相关行业的人达 3 280人,占总人口的 34.6%,全镇竹荪年总产值达 1 600 多万元,占农业总产值的 30.4%,整个产业链人均年收入 3 512 元,占年均收入的 70.1%,同时带动了顺昌县竹荪产业的发展。2008 年顺昌县被中国食用菌协会授予"中国竹荪之乡",《顺昌县竹荪产业升级关键技术集成与示范》列入国家级星火计划项目。

大历镇竹荪产业的发展,受到上级和有关部门的高度重视。这次金盾出版社编辑部,把大历镇竹荪生产致富,列为"新农村建设致富典型示范丛书"之一,这是对我镇的支持与鼓励。本书作者高允旺,在长期从事竹荪生产研究与技术推广中,积累了丰富经验,乐于接受此书撰稿,并得到有关单位和部门的支持,同时参考引用了省内外竹荪生产技术资料和先进经验。我国著名食用菌专家、高级农艺师丁湖广，为全书审改、技术把关，在此一并致谢！

《农林下脚料栽培竹荪致富——福建省顺昌县大历镇》一书的出版，希望能为广大农民朋友，在竹荪生产中提供有益的参考，更好地利用农林下脚料发展竹荪生产，广开致富门路，这是我们由衷的祝愿！

蔡华忠

福建省顺昌县大历镇镇长

2011 年春

作者通讯地址：福建省顺昌县大历镇新府路 6 号

邮编：353202　电话：0599－7664568　手机：18950667539

电子邮箱：scg7664568@163.com

目　　录

一、大历镇成为"中国竹荪之乡"

（一）"真菌皇后"落户"绿色金库"

1. 身价不凡,举世闻名

竹荪自古以来被誉为"真菌皇后",20世纪80年代在香港市场每千克干品售价4 000港元,相等于当时市场一两黄金的价值,因此有"软黄金"之美誉。由于竹荪形态秀丽,色泽洁白无瑕,营养丰富,口感滑爽幼嫩,味道清香,历史上曾被认为是不可多得的深山奇珍,列为御厨名菜,成为地方官府进贡皇家的"宫廷贡品",如今亦列为国宴名菜。尤其是1972年美国总统尼克松派遣基辛格博士访华时,受到我国政府的盛宴款待。当时即有美国记者马文·卡布尔和伯纳德在《基辛格》一书中写道:"当他从中东、中国等十国旅行二万五千里归来时,真好像是周恩来用三丝鱼翅和竹荪芙蓉汤喂胖了。"其羡慕之情,溢于言表,随着此书的发行,竹荪之名也因此风靡世界各地。随后,日本首相田中角荣、美国总统尼克松、英国女王伊丽莎白等相继访华,对中华国宴上的竹荪菜肴都给予极高的赞赏。从此,中国"真菌皇后",更加名扬天下。

2. 人工驯化栽培,野生变家种

竹荪原属于野生食用菌,长期依赖天然野生采集,但其子实体成熟破口、抽柄、散裙限于上午6～12时,过时即躺倒自溶,因此采集者很难巧遇所得,成了"神出鬼没"的奇特山珍,当时全国年采集量不到2吨干品,物稀价昂。

由于竹荪市场供求矛盾突出,成为食用菌产品开发的亮点和技术攻关的焦点。20世纪80年代中期,全国就有78家科研机构投入人工驯化栽培的试验。终于在1989年6月,福建省古田县大桥镇农民,试验成功"野外生料栽培竹荪技术",栽培100米^2,收竹荪干品1 500克。当时收购价格每千克为800元人民币,消息很快传遍八闽大地及大江南北,20世纪90年代各地掀起一股人工栽培竹荪热潮。

3."皇后"动心,落户大历

价值重金的竹荪,使顺昌县大历镇的农民甘立营为之心动。1990年他从古田县购买了竹荪菌种回到大历,参照古田菇农的做法,以木屑为原料,在后门山平整66米^{2}地进行铺料播种,经过120天培养长出亭亭玉立的竹荪,收成干品900克,价值720元,成为顺昌县大历镇竹荪人工栽培第一人,甘立营栽培竹荪的成功,引起了大历镇农民的兴趣,从此"皇后"嫁到大历安家落户。

大历镇地处海峡西岸绿色腹地特色产业区域,位于武夷山"双世遗"东南坡,中亚热带海洋性季风气候,年平均气温19℃,全镇总面积88.4千米^2,8个行政村,人口9 467人,2 336户。这里山青水秀,峰峦叠翠,林地面积6 195.9公顷,长满"一节复一节,千枝套万叶"的毛竹林,风景独好,雨量充沛,土壤肥沃,素有"绿色金库"之美称,是国家南方重点林区,也是"中国竹子之乡"之一,自然资源和生态条件十分适宜真菌皇后竹荪生产。

（二）自主创新攻低产，开发栽培新能源

1. 逼出一个"土专家"，解开竹荪高产之谜

初期由于对竹荪生物特性了解不全面，也没有相应的技术指导，产量低，成本也低，价格却还不错。后来，一些村民跟着小面积种植。由于栽培技术不成熟，竹荪种植规模一直无法扩大，直至 2000 年全镇竹荪种植面积还不到 8 万米^2，每 667 米^2 只收干品 45 千克。

高允旺是大历镇一名从事农村科普、农经的普通干部，看到农民栽培竹荪积极性高，但又苦于没有技术。他在一次开展技术咨询活动时，有位农民咨询竹荪栽培技术难题，高允旺无法进行具体分析与可行的指导，这位农民临走时留下一句话："要是镇里有一位自己竹荪技术员那该多好！"。高允旺看着农民失望而归，深感内疚。恰好遇上南平市出台下派"科技特派员"机制，2000 年，高允旺被县里委任为大历镇科技特派员。于是他利用这个平台与农户建立利益共同体，投资 3 000 元，农户以农田、劳力代资，合作栽培竹荪 1 300 米^2。按照竹荪生产技术程序操作，从中掌握竹荪栽培基本知识，同时阅读许多有关竹荪栽培技术资料，虚心向老农学习栽培经验，还请教市、县食用菌专家，通过三番五次进行不同方式的培养料处理，开展栽培对比的试验，逐步加深对竹荪生物学特性及栽培技术的理解，从此与竹荪结下了不解之缘。

大历镇竹荪栽培要进入规模化生产，但由于产量低成了制约竹荪发展的瓶颈。高允旺抓住这个焦点，深入试验研究，不断探索高产路径，终于研究出一套"三增加、建堆发酵"新技术（"三增加"即播种增加菌种量、栽培增加培养料、配料增加

氮肥）。其论文在权威杂志《食用菌》发表,此项研究成果经省、市食用菌专家实地测产验收评价:"该项目技术是在原竹荪栽培技术基础上的大胆创新,单产显著提高,平均 667 米^{2}产干品由原来 45 千克提高到 100 千克,经济效益显著,达到国内先进水平。"此技术引起省内外同行的共鸣,纷纷来人取经或来函索取技术资料,南平市科协还将这项实用技术编成单行本,作为农函大食用菌专业辅导材料推广应用。

2. 广开资源利用,下脚料变废为宝

大历镇竹荪产业迅速发展,成为顺昌县的竹荪产业的发源地。当时竹荪栽培的主要原料为杂木屑,因此菇农都要上山砍伐树木,然后加工切片,作为栽培原料,而砍树种竹荪,必然对生态带来破坏。科技人员算了一笔账,每栽培 667 米^{2}面积的竹荪,需要 8 米^3 木材作原料,即使用 50% 比例的木屑,也要消耗木材 4 米^3,全镇每年栽培竹荪 11 公顷,就要耗用木材 660 米^3,而全镇杂木林蓄积量仅有 68 750 米^3,这样不需几年就要砍光了。身任科技特派员的高允旺,为了破解砍树种竹荪的这个焦点难题,他深入试验研究,寻找新的替代原料。他意识到竹荪原产于竹林地上,顺昌县又拥有毛竹林3.9 万公顷,竹制品加工规模企业有 43 家,每年要排放竹丝、竹粉等下脚料 4 万吨。这些废弃物排放不仅污染了环境,而且又占用企业场地带来作业不便,企业每年都得花钱进行清理。能否利用竹丝、竹粉作为栽培竹荪的原料?他组织菇农深入开展多种试验,终于找到了竹类下脚料,通过 40 多天堆制发酵技术处理,栽培竹荪效果理想。这一科研成果能够使所有竹类下脚料全部开发用于栽培竹荪,成功实现以竹制品加工企业的生产废料替代传统的木屑为主的栽培原料。废物利用这一举措延伸了毛竹产业链,发展循环经济,零碳排放,既保护生态，又实现企业降耗，毛竹增值，农户受益，可谓一举多得。

(三)打开致富大门，构建合作机制

1. 一镇发展一品，山区面貌一新

竹荪种植已成为大历镇主要经济支柱产业之一，针对这一优势，大历镇党委、政府高度重视，并得到上级有关部门的大力支持，实践科学发展观，转变生产方式，作为农业结构调整农民增收的重要产业来抓，为广大农民打开致富之门，加快新农村建设。下店村菇农魏清泉栽培竹荪 734 米²，收竹荪干品 103 千克，产值 1.8 万元，除成本 4 000 元外，纯收入 1.4 万元。秀吴村菇农余根发从 2005 年开始栽培竹荪，6 年时间收入 18 万元，盖起一栋 280 米² 四层钢筋混凝土结构的楼房。菇农雷祥生每年栽培竹荪 1 400 米²，1.7 万元的收入，供两个子女上大学。甘立营原来是种植竹荪，从 2007 年起转为营销，仅 4 年时间收入达 40 万元，成为大历镇靠竹荪致富的首富。类似这样的典型，在当地比比皆是。

竹荪产业的发展，给这个万人的山区小镇带来了新的生机。全镇从事竹荪种植及其相关行业，包括菌种生产、原辅料经营、产品加工、产品营销等，整个产业链从业人员达 3 280 人，占总人数的 34.6％，每年栽培竹荪 74.6 公顷，产量 9.5 万千克，产值 1 600 多万元，占农业总产值的 30.4％。从事竹荪生产及相关行业的农民收入，年人均达 3 512 元，占年均收入的 70.1％，十年来，全镇累计栽培竹荪 650 公顷，为国内外提供竹荪商品 830 吨，成为福建省竹荪生产基地和示范镇。2005 年被南平市食用菌协会授予"闽北竹荪之乡"称号，成为

南平市唯一获此殊荣的乡镇,2009年"大历竹荪"被认定为闽北知名商标,2009年,"顺昌竹荪"荣获国家农产品地理保护标志。

近年来,竹荪产业的发展,村村种竹荪,小小一朵竹荪,实现了村美、人富的美好愿景,加快了新农村建设,实现了村村通公路,新建房屋128栋,信息网络进农家,全镇原来只有3家有宽带,现在有286家农户安装宽带,镇建立信息服务站,农民每年上网发信息1 200多条,改变了山区信息闭塞的现状。

2. 引领产业延伸,促进地域经济发展

大历镇竹荪产业的发展,带动辐射全县竹荪产业发展,引起顺昌县委、县政府的高度重视,成立了食用菌领导小组,下设办公室;组建食用菌公司、专业合作社等龙头企业,制定竹荪产业发展规划和扶持政策措施,引领广大农民加快发展竹荪生产。双溪街道吉舟村村民吴训清,2010年栽培竹荪4 660米^2,收成干品695千克,纯收入达7.5万元。仁寿镇余塘村在大历镇的影响带动下,2010年全村栽培竹荪8公顷,收入100多万元,2011年面积再翻1番。埔上镇口前村村民蒋宗和种竹荪2.7万米^2,竹荪种植发展迅速。

5年来,顺昌县年均栽培竹荪678公顷以上,实现竹荪生产"万亩基地县",年产竹荪干品80.6万千克,产值1亿多元,有5 000多户农民从事竹荪生产,2万多人从竹荪产业链中受益,一业兴带动百业旺。初期竹荪菌种都得从外地购买,如今全县办起竹荪菌种公司、菌种专业合作社16家,年产菌种440万袋,基本满足全县菇农栽培竹荪的要求,栽培竹荪原辅材料供应和竹荪产品收购商应运而生。全县竹荪栽培面积占南平市的35%,竹荪产量占全国总产量15.6%。2008年5

月,中国食用菌协会授予顺昌县"中国竹荪之乡"称号。顺昌县竹荪产品的定价格,成为竹荪价格升降的风向标。

3. 创办"科普超市",为农户沟通信息

为了创新栽培技术、提高产量和品质,并使农民在生产和流通上能获得广泛的交流,创立了"科普超市",邀请乡土人才和种植能手参与,在超市开展技术咨询、发布信息、举办技术培训,针对性地开"方"把"脉",赠送科普资料,面对面现身说法,为菇农排除技术难题和交流市场信息。利用当地定期"墟日"(赶集),开展"科普超市"活动,年接待农户 900 多人次,发布信息 38 期,免费赠送资料 800 多份,开出科技"处方"400多份,推广新技术、新品种,为菇农增收 190 多万元。

"超市"连万家,农民得实惠。2010 年竹荪流通大户兰福金,从"超市"获悉"6.18"灾后竹荪价格将上涨,立即从各乡镇以每千克 146 元价格收购竹荪 500 千克,2 个月后超市发布信息竹荪灾后及时采取补救措施,生产迅速恢复,后期预测将落价,他随即将 500 千克竹荪以每千克 286 元抛售,从中获利6 万元。他高兴地说:"超市传行情,我们得实惠"。"科普超市"是大历镇在服务"三农"过程的一个新型服务组织,把生产和市场联结起来,有效地缓解竹荪卖难问题,促进菇农增产增收,受到菇农欢迎,社会普遍认可。

4. 发展合作组织,产业持续发展

大历镇竹荪产业之所以能够稳定持续发展,其中很重要的一条成功经验是"科研所+协会+合作社",三者紧密融合为一体。镇里成立了大历竹荪高新研究所,组建顺昌县竹荪协会,注册竹荪专业合作社。同时,采取院社对接,合作社为福建省农林大学生命科学学院提供教学与学生实习基地,学院拥有人才优势,为合作社发展提供技术支撑。以这种新型

合作,促进新技术研发推广,提高产量和质量,引领农民"抱团"闯市场参与竞争,共同抵御市场风险,农民得实惠。

竹荪市场价格波动大,2008年平均价106元/千克,2009年为134元/千克。2010年开春,交易价上升高位170元/千克,最高时达到350元/千克。面对千变万化的市场,竹荪专业合作社制定了统一的竹荪种植技术规范和产品标准,并与全国商务网联姻,聘任25名信息员,在15个城市建立直销窗口,组织18位流通大户参与市场营销。通过展销会、推介会、央视七套露脸、报刊等媒体广告,打开国内外流通渠道,使大历竹荪直接销往国内大中城市,并漂洋过海到日本、东南亚等地,因此新型合作组织被菇农称之为是竹荪的"欧佩克"。

合作社作为新农村的一种经济实体,发展成为竹荪产业的龙头企业,目前社员发展到327人,股金120万元。以服务社员为核心,引导农民科学种植,树品牌,提升了组织化程度,对接现代流通市场,促进竹荪产业增产增收。

大历镇组建的农村合作经济组织得到各级政府的高度重视。2007年,顺昌县竹荪协会被福建省财政厅、科技厅、科协三家联合授予"福建省百强农技协",竹荪专业合作社被南平市授予农业产业化龙头企业,农户们说合作经济组织是我们发展竹荪产业"信得过的靠山"。

(四)竹荪造就能人,乡土人才露锋芒

随着竹荪产业的发展,在生产实践中,大历镇涌现了一大批竹荪栽培领域看得到、用得着、留得住的乡土人才,他们先后应聘到省内外传授技术。2009年浙江省武义县王宅镇竹荪种植,由于缺乏技术产量低,每667米² 只产竹荪干品45

千克,他们从收购竹荪的客商那里获知顺昌大历竹荪研究所摸索一套竹荪高产"绝活",每 667 米^2 平均产干品 100 千克。他们上网搜索,终于找到协会的联系电话。2010 年 4 月,大历镇竹荪土专家高允旺前往武义县传授竹荪栽培技术,并被聘请为该县竹荪产业首席专家。为了方便各地菇农咨询有关竹荪技术,高允旺把服务热线公诸于众,在顺昌县,不少种植竹荪的农户手机里都存有高允旺的热线号码,不管生产中遇到难题或销售环节价格信息,他们总会拨通这个号码问个明白。不仅在顺昌县,而且周边县、市的竹荪种植户,对高允旺这个名字大家也一样不陌生,每年为省内外竹荪栽培农户解答疑难题上千人次。毗邻的建西镇路坑村雷发富,专程来到大历镇求教,高允旺当面为之排忧解难,使他栽培的竹荪每667 米^2 纯收入超过 8 000 元。湖南省怀化市和海南省的竹荪生产基地,以及浙江、江西、四川等省外农民,每逢栽培竹荪遇到难题时,就打热线电话,从中得到满意解答,排除技术难题。就这样一传十、十传百、百传千,大历镇"科普超市"成为省内外竹荪技术咨询中心。据不完全统计,每年带动辐射周边县、市甚至跨省推广"三增加,建堆发酵"新技术栽培竹荪 2 000公顷,以每 667 米^2 增收 500 元计算,仅这一项就为农民增加收入 1 500 多万元收入。

这些年来,高允旺在竹荪产业发展的突出贡献。2008 年被破格晋升为高级农业经济师,上级有关部门给高允旺许多荣誉:2004 年 4 月被顺昌县人民政府授予劳动模范;2005 年10 月,被中国科协授予全国农村科普工作先进个人;2006 年12 月,被中华人民共和国财政部、中国科协联合授予全国科普惠农兴村带头人;2008 年 1 月,荣获南平市委、市政府第二批流通助理"三等功";2009 年 6 月,被国家科技部评为全国优秀科技特派员;2008年12月,作为全国科普惠农兴村带头人代表(全省只有5名),参加中国科协成立50周年纪念大会,在人民大会堂聆听胡锦涛总书记的重要讲话;2009年12月,被南平市委、市政府授予践行"南平机制"突出贡献者,记"二等功";2009年被授予南平市优秀人才;2010年3月,自主创新竹荪"三增加、建堆发酵"新技术,获南平市"科技进步三等奖"。

(五)看到市场前景,激发转型升级

1. 竹荪消费量日益扩大

由于竹荪营养丰富,含有多种氨基酸、维生素、无机盐等,具有滋阴补血,类似人参的功效,能减少血液中胆固醇含量,具有"刮脂"的功能,是天然的减肥药,提高人体的免疫力,深受广大消费者的青睐。近年来,随着消费者扩大,生产也不断发展。据《食用菌市场》(2010.11)报道,全国竹荪干品2000年总产量535吨,2009年发展到5 283吨,9年增长9.7倍。竹荪生产的省份,也由原有4个,增加到9个,其中福建省占全国的80%。福建省古田县食用菌交易市场竹荪价格,2009年最高时376元/千克,2010年维持在190元/千克。截止2010年10月,市场交易量达1 250吨,比历史上最高的2009年增长78.6%,交易额达2.1亿元,比上年增加2倍。

2. 全国各地竞相发展

竹荪这一品种已引起省内外生产者的关注,也成为有识企业家研发的目标。据《食用菌市场》(2010.9)报道,南开大学世界经济学博士陈永华回乡创业,在家乡安徽省广德县农村,引进福建竹荪栽培新技术,兴建30公顷竹荪生产示范园,还带动周围农户栽培竹荪300公顷，产值近5 000万元。四川、河南、山东、湖北、广西等省、自治区也都瞄准竹荪项目，开发竹荪生产和深加工。

3. 大历竹荪要再上台阶

各地看好竹荪产业，作为全国竹荪重点产区的顺昌县大历镇应该怎么办？2010年6月，以大历竹荪高新研究所为主，协会、合作社配合，制定出《竹荪栽培技术规范大纲》，如竹荪品种标准、菌种培育标准、种植技术规范、病虫害防治规则等，进一步把竹荪产业引向规范化、标准化轨道上来。其中《竹荪栽培技术规范》已被福建省质量技术监督局批准闽质监标(2010)668号，列为福建省地方标准制定项目，以规范化、标准化作为新的起跑点，进一步推动大历竹荪产业发展。《顺昌县竹荪产业升级关键技术集成与示范》列入国家级星火计划项目，以项目为支撑开展优化竹荪技术研究，促进顺昌竹荪产业转型升级，更上一层楼。参与由上海科技文献出版社组织编写学术巨著《中国食药用菌学》竹荪章节，2011年2月出版，为中国竹荪产业的发展奠定了基础。

同时，大历要为中国竹荪产业发展树立典型。依托竹荪协会、竹荪合作社等新型合作经济组织，通过"大历竹荪"品牌运作，进一步帮助农民培育市场，提升产品质量，扩大品牌影响，从而提高竹荪种植效益。

二、农林下脚料栽培竹荪新理念

(一)正确对待和处理菌林关系

1. 菌林争议焦点

食用菌产业是一项资源消耗型的产业,一讲种菇,就要砍树,破坏生态,因此菌林矛盾突出是制约许多食用菌产区发展的因素之一。大历镇在发展竹荪生产过程,围绕着"发展竹荪和生态保护"、"要竹荪金山,还是要青山绿水"等话题也曾成为人们的争议焦点。

2. 正确理解关系

从生态学上说,菇为森林之子,菇是森林对人类经济回报的一种方式。山青水秀,风光秀丽,人寿年丰,这是千百年来人们的美好向往和追求。而身在山区的农民"靠山养山,养山吃山"也是千百年来作为谋生的一种手段。种树成林发展林业,其目的也是为了人民生活创造日益丰富的物质基础,两者本身并不是矛盾的,保护生态和发展经济,是相辅相成、共生共荣的统一体。应当指出:砍伐过量,造成水土流失,不但破坏生态环境,而且还给人类带来严重自然灾害,导致水患频发,大量的人力、物力、财力疲于应付水患,人们辛勤创造的财富被抵消,历史上有过教训,这也是罪不可卸的责任。因此,有的林区提出"退菇还林","禁止砍树种菇",致使山区农民失去发展经济门路,出现"人穷林瘦",这既不符合新农村建设的要求,也难以实现把经济发展与生态保护紧密结合,走一条生态与经济协调发展、人与自然和谐相处的绿色发展之路。

3. 尊重自然规律,采取相应措施

古代老子《道德经》中用"致虚极,守静笃",就是向人们阐述了尊重自然规律,对待保护生态平衡的重要性。"致虚守静",万物才会达到相对的平衡态,社会与自然才会恢复安静和谐,周而复始,生生不息。大历镇党委和政府多方调研和充分论证,决定把竹荪生产作为林区主导产业来发展,同时制定了一系列符合生态保护规律的竹荪发展规划和管理政策,实行科学推进,渐进发展,坚持竹木砍伐与造林相结合的原则,确保森林覆盖率始终处于增长态势。1990年全镇森林覆盖率为72.1%,2010年森林覆盖率为81.2%,20年间仍增长9.1%。同时,广泛收集利用枝桠材,竹木加工厂的边材碎屑,提高资源的利用率,减轻资源消耗压力,转变经济增长方式,延长产业链条,实行综合利用,提高附加值,为大历竹荪生产稳步发展奠定了良好基础。

(二)尝到甜头,看到希望,更加珍惜资源

1. 竹子身价翻番

大历镇在没有发展竹荪生产之前,满山遍野的竹林,除砍伐用于建材和竹制品加工外,大量蜗居深山,未能很好地发挥应有经济价值作用。随着竹荪产业的发展,提高竹子经济价值,如今围径33厘米的一根毛竹收购价19元,比原来增值1倍。

2. 废料变宝

竹制品和木器加工企业每年排弃的竹头、竹丝、竹粉、刨花、木屑等下脚料堆积成山,不仅影响操作,污染厂房的环境,有的一把火烧成灰,造成空气污染,这些废弃料成为厂家左右

为难的包袱,只好雇工花钱去清理。自从竹荪生产发展之后,这些废弃料,开始菇农上门免费清理,后来企业发现废料可种竹荪,开口卖钱,一年又一年提高价格,如今竹废料每立方米70元还成了抢手货。据不完全统计,全县91家竹木加工企业,每年产生竹木废弃料8万吨,可增加收入350万元。更重要的是农民把这8万吨废弃料用于栽培竹荪,减少了废弃物排放,获得更加可观的经济效益和社会效益。

3. 吃山养山,科学管理

竹荪生产使大历镇农民获得实惠,深感竹子是农家宝,茎秆、枝、叶都可用于栽培竹荪。要使竹荪生产可持续发展,必须从根本抓起,加强资源保护。大历镇根据毛竹生长规律,切实加强竹林复垦和抚育母竹。采取以下四项科学措施养护资源。

(1)合理间伐老竹 对5~7年以上的老化竹和密竹,进行合理间伐,坚持"三砍、三留",即砍密留疏,砍弱留壮,砍小留大。一般每667米² 竹林,留母种120~180株,笋竹两用林。

(2)劈山除草养竹 每年秋季8~9月间,对竹林进行劈除灌木,锄去杂草,减少养分消耗,又增加有机肥;同时,改善竹林通风透光性,有利于光合作用。在成片竹林中,每667米² 留4~7株阔叶树,更好地调节林地水分。

(3)林地翻土护笋养竹 结合锄草进行翻土,使林地土壤疏松,有利于竹鞭发达生长。根据山场状况进行翻土,强调不可触伤竹鞭;同时搬走林中石头、树头和旧竹头这"三头",使体肥大的冬笋有相应土壤,翌年幼笋易破土而出,减少畸形笋和败笋。

(4)适当施肥壮竹 结合林地翻土把化肥撒施于竹林中的土层上,以供应母竹长笋阶段养分。还可在竹林中放养羊群,而羊的屎尿又是竹子的好肥料,一举两得。

4. 珍惜资源,减少消耗

身居林区的农民更加珍惜资源,长期以来农家煮饭做菜,均以竹木作燃料。随着竹荪生产的发展,竹木林地更新的间伐材和枝桠材,都舍不得作燃料烧掉,收集起来作为竹荪生产的原料。而日常生活所需的燃料,全镇70%以上的农户均以沼气、电磁炉、液化气灶和太阳能取代,仅此燃料一项,每年节省薪炭林砍伐 1 870 米^3。

群众性自觉珍惜爱护资源,发展资源,使大历镇竹荪生产至今 20 年,原料持续不断丰富充足,竹荪种植面积不断扩大,现在全镇 1 257 公顷竹林和 430 公顷杂林木,仍然郁郁葱葱,青山常绿,保持当年风华正茂的"绿色金库"风貌。

(三)农林下脚料栽培竹荪模式与优点

1. 竹荪人工栽培方式演变

竹荪原为野生食用菌,在人工驯化过程中,我国科研人员呕心沥血。20 世纪 80 年代后期以来,云南、湖南、四川等省科研单位,采用竹荪适生树木加工成木屑为培养料,通过装袋、高压蒸汽灭菌处理,冷却后接入竹荪菌种,然后摆放在室内架层培养或在野外整畦摆袋栽培,还有的采取菌丝培养成熟后,把它压成块状,或将培养成熟的菌丝体脱去塑料袋,然后埋在山上或田地栽培出菇,贵州省还采取沙锅装培养料,作竹荪生长的载体进行栽培。上述几种方式为人工驯化栽培,虽然生产规模受到一定约束,生产无法扩大,产量一直上不去,但它为我国竹荪进入商品化、规模化栽培,打下了科学理论和生产基础。

2. 农林下脚料栽培竹荪的优点

现在进入大面积生产竹荪应用的模式,以农林下脚料为原料,采取发酵料为培养基;栽培场地利用农田、山地、林果园间,通过建堆发酵,整理畦床;选用棘托长裙竹荪菌株,播种后覆土,畦面盖草遮荫保湿,完全属于开放式栽培,它打破了传统栽培方式。这种栽培新模式,具体有以下六个优点。

(1)速生高产 每栽培 667 米^2 场地,播种后 90 天左右出菇,产量 100 千克,高产的达 170 千克,生产周期 100~120天,比原来缩短一半,单产比过去提高 10 倍,见效快。

(2)原料广泛,取材容易 各类竹子均可,包括毛竹、苦竹、发竹、棉竹、绿竹、方竹、笔竹等。带"竹"字的秆、枝、叶均可。杂木枝桠碎屑、果树、桑树修剪枝条都能利用,此外农作物棉花秆、玉米芯、玉米秆、高粱秆、芝麻秆、豆秆、花生壳、谷壳以及甘蔗渣,还有山上野草等,均可用作栽培竹荪原料。这些农林下脚料,资源年年有,取之不尽。

(3)杂菌污染少,出菇快 农林下脚料采用发酵料栽培杂菌难定植,发酵料栽培经过堆料发酵杀灭病菌源。即使播种后有霉菌混入,在竹荪菌丝混生培养料中,终被强有力的竹荪菌丝所侵袭,霉菌很快消失。由于杂菌污染率低,养分破坏少且栽培环境条件适合竹荪菌丝发育生长,所以播种后 70 天出现菌蕾,90 天左右形成子实体进入采收期。

(4)成本低,见效快 现行栽培方式当年播种,当年见效。农家一户只要栽培 667 米^2(1 亩)场地,当年就可收成竹荪干品 100 千克,按近年最低价每千克 130 元计算,产值达 1.3 万元,除成本外,纯收入 0.9 万元。因此,有"种一亩竹荪,收入九千元"的经济效益。

(5)管理方便,适于农家 在农村农作物下脚料、林、果、桑枝条家家年年均有;田地、山场、林地均可利用栽培竹荪;生产工艺简单,男女老少均可参加管理,产量高有钱赚,是一项农民致富的短平快项目,因此农民容易接受,普及推广应用快。

(6)废料肥田养山,实现良性循环 竹荪收成结束后,其废料直接回到田地和林地,提高土壤有机质,为粮食生产和森林增加有机肥料,促进产量提高;同时,减少环境污染,完全符合当今政策提出的"循环经济,低碳经济"的新要求,因此得到政府的重视和群众欢迎。

(四)农林下脚料栽培竹荪线路

为了便于菇农了解农林下脚料栽培竹荪基本线路,现列图 2-1 如下。

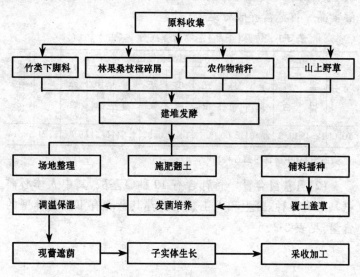

图 2-1　农林下脚料栽培竹荪基本线路

三、竹荪栽培基础知识与基本设施

（一）竹荪的经济价值

1. 竹荪营养价值

（1）营养成分　竹荪是一种食药两用的真菌，其香味浓郁，质地幼嫩，口感清脆，风味独特，营养丰富，是高蛋白、低脂肪、多种维生素和多糖类物质，被誉为"真菌皇后"，天然的保健食品。竹荪营养成分见表 3-1。

表 3-1　竹荪（干品）主要营养成分　（占干物质％）

| 水分 | 蛋白质 | | 脂肪 | 可溶性无氮浸出物 | | | | | | 粗纤维 | 灰分 | 水溶性物质 |
	粗蛋白质	纯蛋白		总量	还原糖	戊聚糖	甲基戊聚糖	海藻糖	甘露醇			
10.08	18.49	13.82	2.46	62.00	39.73	1.18	0.87	4.54	6.31	8.84	8.21	52.14

注：引自《中国食用菌百科》1993.5

（2）氨基酸含量　竹荪含有 19 种氨基酸，其中人体必需氨基酸有 8 种，野生和人工栽培竹荪其营养有不同营养型的含量，见表 3-2。

表3-2　野生和人工栽培的不同营养型竹荪的氨基酸含量

营养类型	氨基酸	野生棘托		野生长裙		栽培棘托		栽培长裙	
		毫克/100克干重	%	毫克/100克干重	%	毫克/100克干重	%	毫克/100克干重	%
	总　量	17868	100	10774	100	13251	100	6726	100
人体必需	苏氨酸	957	5.4	544	4.9	709	5.2	349	5.0
	缬氨酸	1248	7.0	903	8.2	961	2.1	524	7.6
	蛋氨酸	203	1.1	484	4.4	289	2.1	248	3.6
	异亮氨酸	1251	7.1	648	5.9	868	6.3	406	5.9
	亮氨酸	1671	9.4	943	8.6	1064	7.8	168	8.2
	苯丙氨酸	1117	6.3	727	6.6	912	6.7	458	6.6
	赖氨酸	677	3.8	455	4.1	550	4.1	270	3.8
	色氨酸	有		有		有		有	
婴儿必需	组氨酸	250	1.4	178	1.6	197	1.4	132	1.9
	精氨酸	1039	5.9	665	6.0	653	4.8	369	5.3
鲜味类	谷氨酸	2614	14.8	1439	13.1	2309	17.0	950	13.7
	门冬氨酸	1785	10.1	1145	10.3	1449	10.6	730	10.5
甜味类	丝氨酸	1130	6.4	475	4.3	714	5.2	344	5.0
	甘氨酸	865	4.9	578	5.2	665	4.9	365	5.3
	丙氨酸	1226	6.9	747	6.8	1035	7.6	587	8.5
	脯氨酸	559	3.2	451	4.1	433	3.2	218	3.1
芳香族	酪氨酸	796	4.5	391	3.5	448	3.3	208	3.0
	苯丙氨酸	1117	6.3	727	6.6	912	6.7	458	6.6

　　(3)维生素含量　竹荪及菌托中含有多种维生素、淀粉、还原糖和无机盐,见表3-3,表3-4和表3-5。

表 3-3　竹荪及菌托中水溶性维生素含量　（单位：毫克/100 克干重）

名称 \ 含量 \ 项目	维生素 C	烟　酸	烟酰酸	维生素 B_1	维生素 B_2
长裙竹荪	831.79	206.43	301.17	47.70	9.42
长裙竹荪菌托	979.78	338.50	491.89	73.64	—
短裙竹荪	1033.03	90.88	121.20	9.00	—
短裙竹荪菌托	841.67	79.51	92.28	23.92	0.89

表 3-4　竹荪及菌托中的糖、脂肪和淀粉含量　（％）

名称 \ 含量 \ 项目	总　糖	还原糖	粗脂肪	淀　粉
长裙竹荪	22.34	20.20	0.69	6.94
长裙竹荪菌托	12.94	8.94	0.90	8.26
短裙竹荪	15.12	14.78	0.42	9.19
短裙竹荪菌托	5.83	3.53	1.20	10.49

表 3-5　竹荪及菌托中无机盐含量　（单位：毫克/千克）

名称 \ 含量 \ 项目	长裙竹荪	长裙竹荪菌托	短裙竹荪	短裙竹荪菌托
硼(B)	187.2	177.3	136.1	36.7
钴(Co)	0.14	0.45	0.23	0.99
锰(Mn)	368.4	158.0	152.8	216.9

项目 含量 名称	长裙竹荪	长裙竹荪菌托	短裙竹荪	短裙竹荪菌托
锌(Zn)	52.7	54.4	60.0	44.6
钠(Na)	259.4	97.3	81.9	121.5
钾(K)	312.4	272.6	206.1	134.5
钙(Ca)	345.4	248.4	210.0	63.92
铁(Fe)(%)	0.2	0.21	0.18	0.54

2. 竹荪药理与应用

竹荪所含的菌类蛋白多糖,多种无机盐及维生素,均对人体有免疫强身作用,是一种理想的保健食品。长期食用竹荪,可以减少血液中胆固醇含量,从而降低血压,尤其竹荪具有"刮腹油"功能,防止腹部脂肪的积累,对于肥胖患者来说,无异是一个佳音。《中国药用真菌》中的抗肿瘤药用真菌一节载:"早在1930年Kgro曾报道鬼笔(竹荪)发酵物,经紫外线照射,解毒后加入金属盐,用以治疗癌患者,获得主观症状改善。"由于菌类蛋白多糖的作用,食用竹荪可抑制和消除人体癌细胞。在竹荪热水提取液中的抗肿瘤活性多糖,经动物实验证明,每千克投药300毫克,对艾氏瘤的抑制率可达70%,已引起医学界的重视。

在我国民间常把竹荪作为防治疾病。贵州省惠水县医生,把竹荪用于治疗白血病,收到一定的疗效。云南省楚雄县苗族同胞,把竹荪同糯米水饮服,用于止咳、补气、止痛。荪又叫"荃"是一种香草,竹荪子实体成熟后能发出一股浓郁的清香,是众多食用菌中没有的奇特之处。夏季在烧肉煮鱼时，加入一朵竹荪，则在几天内肉菜不会腐败变馊，起到特殊的防腐作用。

竹荪的药理和应用，在我国研究深度还不够，有待有关科研人员今后进一步探索，揭开竹荪神奇的药理功能，让其更好地造福人类。

（二）竹荪的生物学特性

1. 竹荪学名及分类地位

竹荪于 1801 年定名及分类。在分类上隶属真菌门，担子菌亚门，腹菌纲，鬼笔目，鬼笔科。全世界已见报道竹荪有 11 个品种，在中国分布的有以下 7 个科：长裙竹荪 [*dictyopHora indusiata*（Vent. ex pers）Fisch]、短裙竹荪 [*dictyopHora duplicate*（Bosc）Fisch]、红托竹荪（*dictyopHora rubrouoluata* Zang，Ji et Liou、棘托竹荪（*dictyopHora echinouloluata* Zang，Zheng. et hu、黄裙竹荪（*dictyopHora multicolor* Berk. et. Br、朱红竹荪（*dictyopHora cinrvabaria* Lee、皱盖竹荪（*dictyopHora merulina* Berk）。

古代中文名为竹笙、竹菌，现代中文名为竹荪；异名有竹参、竹蕈、竹花、竹松、网纱菌、仙人笼、鬼打伞、僧笠簟，英文名为 Veiled ladymushroom；Netted Stinkhorn，日文名为キヌガサ。

2. 竹荪形态特征

(1)竹荪子实体外观　竹荪形态绚丽，为其他菌类所不及，引起世人称赞。瑞士著名真菌学家高又曼（gaumann E.）称之为"真菌之花"；而巴西人则赋予"面纱女郎"之美誉。中国人称为"真菌皇后"、"竹林中君主"，还有人把它叫"仙人伞"、"网纱菌"、"穿着裙子的蘑菇"等，这些描述是十分逼真的。竹荪的形态奇特,它的菌幕是一围柔纱般的多形网状态,称为菌裙,十分潇洒。在大型真菌林中,有记录者在万种以上,而有如此秀丽菌裙的则为竹荪所独有。

(2)竹荪形态结构 竹荪形态结构可分为菌丝体和子实体两个部分。

① **菌丝体** 菌丝体是由竹荪担孢子萌发而成,担孢子是竹荪的基本繁殖体。在显微镜下观察,孢子为无色透明、椭圆形、光滑,大小为 3～4.5 微米×1.8～3.2 微米。

菌丝体是竹荪的营养器官。其功能为分泌胞外酶,分解、吸收、贮存和运输养分。菌丝体由无数纤细的菌丝组成,发育初期呈白色茸毛状,经过不同阶段培养后具有不同的颜色,一般为粉红色、米色或浅紫红色。菌丝体在受到温度、光照、机械刺激后,就会立即产生色素。因此,产生或不产生色素是鉴别竹荪菌种的重要依据。长裙竹荪菌丝多为粉红色;短裙竹荪菌丝以紫红色或紫色较多。菌丝发育的前期可分为两个阶段:一次菌丝和二次菌丝。一次菌丝是竹荪孢子萌发出来,芽管不断伸长分支形成的单核菌丝,较纤细、管状,无色透明。二次菌丝是由性别不同的两种一级菌丝,经过质配以后的双核菌丝,镜下观察比前者粗壮。

菌索仍属营养体,是由二次菌丝进一步发育形成特殊化的索状菌丝,也称三次菌丝。这种由二次菌丝密集膨大而成的根状菌索,是形成子实体的外在表现。

② **子实体** 子实体由菌托、菌柄、菌裙、菌盖四个部分组成。

菌托:一个幼小的子实体,孕育于菌蕾中,当子实体成熟时,冲破菌蕾外的包被,整个子实体伸长外露,包被则遗留在菌柄基部,形成菌托;菌托有 3 层,外层(外包被)膜质、光滑,红托竹荪紫红色,棘托竹荪棕褐色,中层(中包被)为半透明胶质,内层(内包被)膜质、乳白色。

菌柄:圆柱状,中空,基部钝尖,顶端有一穿孔,海绵质,白色,长10～28厘米,直径2～4厘米,它起着支撑菌盖和菌裙的作用,也是食用的主要部分,最具有商品价值的部分。

菌裙和菌幕:当子实体成熟后,菌裙从柄顶端向下散开,长6～20厘米,白色,网状,网眼圆形、椭圆形或多角形,菌裙不仅是食用的主要部分,而且也是分类学上的重要依据,菌裙的有无,是竹荪属(*dictyopHora*)与鬼笔属(*PHallus*)的重要区别,菌裙的长短是长裙竹荪与短裙竹荪的区别之一。

菌盖:钟形,高2～4厘米,表面有网纹或皱纹,子实层着生在菌盖表面上,当孢子成熟时,子实层则成黏液状,并具臭味。这种臭味可以招引昆虫舐食黏液,昆虫的足、口器就把孢子带到他处,起到传播孢子的作用。竹荪的担孢子单核、椭圆形、光滑、无色。

竹荪子实体为繁殖器官,分为两个明显的阶段,幼龄期和成熟开伞散裙期。子实体在很长一段时间里,外包被裹着卵状球形,称为菌蕾,又叫菌球,是由菌索顶端扭结发育而成的。菌蕾幼时为蚁卵状,逐步生长发育膨大为鸡蛋大小,亦称竹蛋。菌蕾的中心部分是由内包被、中包被、外包被所包裹,最后分化为白色圆筒状的菌柄,暗绿色的子实层菌盖和菌裙。其中,子实体在竹蛋中孕育,在温、湿度适合的条件下,形成完整的子实体。菌球原为白色,后逐渐转为粉红色、土红色、深灰色、褐色,表面有龟裂纹,成熟的菌球直径3～9厘米。竹荪菌球和子实体解剖见图3-1和图3-2。

3. 竹荪自然分布与生态习性

(1)竹荪自然分布 竹荪主要分布于北半球的温带到亚

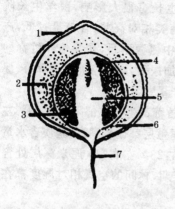

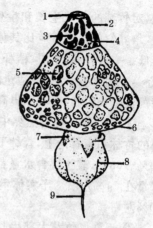

图 3-1 竹荪球纵剖面示意图
1.外包被 2.胶质层 3.孢体
4.内包被 5.菌柄 6.菌裙
7.菌索

图 3-2 子实体形态示意图
1.孔口 2.菌盖 3.网格
4.孢体 5.网眼 6.菌裙
7.菌柄 8.菌托 9.菌索

热带地区。在我国贵州、云南、江西、安徽、四川、福建、浙江、湖南、河南、陕西、河北、吉林、黑龙江、台湾等省均有分布。在国外,日本、印度、爪哇、法国、英国、斯里兰卡、墨西哥等国家亦有发现。但以世人的称道者,当以我国西南地区产的清香型竹荪最为名贵,历史上云南昭通竹荪产量多。近年来,福建顺昌县、贵州织金县等被授予"中国竹荪之乡"称号。

(2)竹荪生态习性 竹荪的生态习性有以下四个方面。

① 腐生菌 竹荪没有叶绿素,不能进行光合作用,靠分解纤维素、半纤维素、有机氮等,吸收营养物质而生存,菌丝的生长可使培养基质腐朽,属于腐生生活的菌类。

② 喜氮 氮素是竹荪合成蛋白质和核酸所必需的原料,其主要利用有机氮,如尿素、氨基酸等。培养料中氮素的含

量,对竹荪的营养生长和生殖生长有很大影响,菌丝生长阶段,培养料的含氮量应比其他菌类相对高些,含氮量过低,产量低。一般竹粉、木屑、秸秆等中氮源不足,作为培养竹荪的原料,在建堆发酵时,应适量添加尿素,增加培养料的养分,促使菌丝生长粗壮,有利于提高产量。

③ 喜阴湿 在自然界中,竹荪都生长在郁闭度达90%左右的竹林和森林地上,森林下腐殖层都比较潮湿,基质含水量60%~65%,表土层含水量都在28%左右,15厘米深层处含水量在24%左右。子实体生长期,林间的空气相对湿度都在90%左右。

④ 好氧 竹荪大都生长在地表,土壤肥沃,腐殖层较疏松,其菌丝生长洁白粗壮;林地植被疏密适中,其菌球长得多、大,子实体形成正常。表明了竹荪为好氧的菌类,在氧气充足的条件下,发育良好、产量高、品质优。

4. 竹荪生活史

竹荪的生活史,就是竹荪一生所经历的全过程,见图3-3。

(1)完成生活史的时间 自然界中竹荪主要是靠昆虫传播来繁衍后代,成熟的孢子由昆虫带走或孢子黏液被雨水冲到适合竹荪生长的基物中,遇到适宜的生长温、湿度条件,便萌发为菌丝,菌丝不断生长形成庞大的菌丝体。经过一定的时间,菌丝体膨大分化成菌索,穿越覆土层或地面,其末端膨胀分化成菌蕾。菌蕾由小变大呈球状,成熟后破裂,长成子实体,子实层再形成担孢子。如此周而复始地循环生活,代代相传,在大自然中生长需要1年左右,人工栽培仅需3~4个月。竹荪的菌丝体可多年生长,在地下越冬,至于竹荪的交配型,目前尚未弄清楚其中的内涵。

竹荪子实体生长发育全过程,不同阶段所需时间见图3-4。

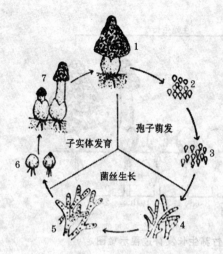

图 3-3 竹荪生活史
1. 子实体 2. 孢子 3. 孢子萌发
4. 初生菌丝 5. 双核菌丝 6. 菌蕾
7. 破口抽柄

(2)子实体形成历程 竹荪子实体形成过程分为以下六个阶段。

① **原基分化期** 菌丝在培养料表面形成大量菌索,不断向土层蔓延,吸收土壤养分,形成瘤状凸起,即子实体原基。

② **球形期** 当幼原基逐渐膨大,开始露出地面时,内部器官已分化完善,形成菌蕾。初期为卵圆形,俗称竹荪球,直径 2～4 厘米,白色,并逐步由小到大,且顶端表面出现细小裂纹,外菌膜见光后开始产生色素。

③ **桃形期** 随着菌蕾膨大,体内中部的菌柄,逐渐向上生长,使顶端隆起形成桃形,表皮裂纹增多,其余部分变得松软,菌蕾表面出现皱褶。

④ **破口期** 菌蕾达到生理成熟后,如果湿度适合,菌蕾吸足水分,从傍晚开始,经过 1 个夜晚的吸水膨胀,此时外菌膜首先出现裂口,露出黏稠状胶体,透过胶质可见白色内菌膜,然后菌膜撑破,露出孔口。

⑤ **菌柄伸长期** 菌蕾破裂后,菌柄迅速伸长,从裂缝中首先露出的是菌盖顶部的孔口,接着出现菌盖。菌柄伸长后,

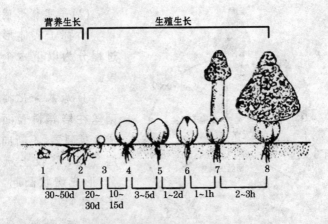

图 3-4 竹荪生长发育过程示意图

1. 播种 2. 形成结实性菌索 3. 菌索先端膨大并形成子实体原基
4. 竹荪球发育成熟 5. 顶端突起 6. 破口 7. 菌柄形成并露裙
8. 子实体最后形成

菌盖内的网状菌裙开始向下露出,当高 9～10 厘米时,褶皱菌盖内的菌裙慢慢向下散开。在内菌膜破裂后,散裙速度最快。从菌柄露出到停止伸长,一般为 1.5～2 小时;从菌裙露出到完全散开,只需 0.5～1 小时,总共需要 2～3 小时。竹荪抽柄散裙基本是在上午 6～11 时完成。

⑥ 成熟自溶期 菌柄停止伸长,菌裙散开达到最大限度,子实体完全成熟,随后萎缩,菌裙内卷,孢子自溶。野生竹荪的采集,若过了成熟期即躺倒霉烂,所以有人称之为"神出鬼没"。

(三)竹荪的品种

目前,人工栽培适用的竹荪品种,有长裙竹荪、短裙竹荪、红托竹荪、棘托长裙竹荪四个。为了便于掌握各个品种的形态特征,做如下介绍。

1. 长裙竹荪

散生或群生,子实体高 10~28 厘米,菌托白色,菌盖钟形或圆锥形,高、宽各 3~5 厘米,有明显网络,顶端平,有穿孔。菌裙白色,裙长为菌柄长 1/2~2/3。从菌盖下垂达 10 厘米,由管状组织组成,网眼多角形,直径为 0.4~0.8 厘米。

2. 短裙竹荪

单生或群生,子实体幼时呈卵球形,直径 3.5~4 厘米,具有明显网络,顶端平,有穿孔。菌柄呈圆柱至纺锤形,长 10~15 厘米。菌盖下部至菌柄上部,均有白色的网状菌裙,下垂 3~5 厘米,长度为菌柄的 1/3~1/2,故称短裙竹荪。菌裙上部的网络,大多为圆形,下部则为多角形,直径 0.1~0.5 厘米。菌托呈粉灰色至浅紫色,直径 2~4 厘米。子实体高 10~18 厘米。

3. 红托竹荪

散生或群生。幼蕾呈卵球形,颜色为红色,成熟时变为长椭圆形,由顶端伸出白色笔形菌柄。菌盖钟形,直径 3.5~4.5 厘米,表面有明显网络,顶端平,有一孔,内含孢子。菌裙下垂 7 厘米,边宽 4~8 厘米,有网眼,呈多角形,直径 0.5 厘米,子实体高 11~20 厘米,粗 3~5 厘米。野生多在秋季 9~10 月份。菌丝生长 5℃~30℃,25℃左右最适;子实体形成在 17℃~28℃,20℃最适,属于中温型。

4. 棘托长裙竹荪

菌丝呈白色絮状,在基质表面呈放射性匍匐增殖。菌蕾呈球状或卵状、球形。菌托白色或浅灰色,表面有散生的白色棘毛,柔软,上端呈锥刺状,随着菌蕾成熟或受光度增大,棘毛短少,至萎缩退化成褐斑。菌蕾多为丛生,少数单生,一般单个重 20～90 克,子实体高 18～28 厘米、宽 30～40 厘米,肉厚,菌盖薄而脆,裙长落地,色白,有奇香。菌丝生长适宜的温度 5℃～35℃,其中 16℃～27℃最适;子实体生长在 18℃～30℃,以 22℃～26℃最适,属于高温型。

上述 4 个品种,栽培者可选用棘托长裙竹荪,容易栽培,产量高,见效快,国内外市场好销。考虑到国外一些客户的要求,可因地制宜生产短裙竹荪或红托竹荪,虽产量低,但商品价值比棘托竹荪高。

(四)竹荪的生活条件

竹荪生长发育的环境条件很多,但是最主要的是营养物质、温度、水分、空气、光照、酸碱度及土壤。

1. 营 养

长期以来,人们都把竹荪看成是与竹类共生的真菌。近代科学研究和实践证明,竹荪是一种腐生性真菌,对营养物质没有专一性,与一般腐生性真菌的要求大致相同,其营养包括碳源、氮源、无机盐和维生素。

(1)碳源 碳源是竹荪碳素营养的来源,它不仅能提供碳素用以合成碳水化合物和氨基酸的骨架,同时又是竹荪生长发育所需要的能量来源。在自然界中的多种富含淀粉、纤维素、半纤维素、木质素的有机物质,如竹根、竹鞭、竹片、竹屑、木段、阔叶树木屑、玉米秆、蔗渣等,都可被竹荪菌丝细胞所产生的胞外酶分解成葡萄糖、阿拉伯糖、木糖、果糖等简单糖类而吸收利用。因此,在配制培养基时,如能先加入适量葡萄糖等简单糖类,则有助于诱导胞外酶的产生,加快菌丝对纤维素的分解。

(2) 氮源　氮源是指能被竹荪菌丝细胞吸收利用的含氮化合物,是合成细胞蛋白质和核酸的必要元素。竹荪菌丝和其他腐生真菌一样,主要的氮源有蛋白质、氨基酸、尿素、铵盐等,其中氨基酸、尿素等可被竹荪菌丝体直接吸收,而大分子的蛋白质则必须借助于自身分泌的蛋白酶,分解成氨基酸后才能被吸收。因此,在生产上常用尿素、氨基酸作为氮源。一般发酵时,加入尿素,增加培养料的含氮量,尿素使用量占培养料的 0.7%,在菌丝生长阶段,培养基的含氮量以 0.2%~0.3%,闻基质无氨味为宜。

(3) 无机盐　无机盐是构成竹荪细胞结构物质和酶的组成,还具有调节细胞渗透力的作用。在无机盐中,磷、硫、钙、镁的需求量比较大。在配制培养基中,常加入适量的磷酸二氢钾、轻质碳酸钙、硫酸镁,来满足竹荪生长发育的需要。此外,还需少量的铁、钴、锰、钼、硼等元素,通常称微量元素。不过这些元素在天然水中和秸秆、木屑、竹屑等有机物中的含量已能满足,不必另行补充。

(4) 维生素　维生素是一组具有高度生物活性的有机物质,旧称维他命。它是生物生长和代谢过程中必不可少的物质。竹荪和其他腐生真菌一样,一般不能合成维生素 B_1,尽管其用量甚微,但缺乏时生长发育受阻,因此需要补充。其他的维生素种类,如维生素 B_2、维生素 B_6、维生素 H、维生素 PP 和叶酸等,也是竹荪必不可少的,但这些维生素在马铃薯、麦芽、豆芽、酵母、麸皮和米糠等植物性原料中含量丰富,一般也不必另行添加。

2. 温　度

温度是竹荪生长发育的主要条件。尤其是子实体生长和开伞散裙,温度不适,不能形成,这主要是受体内酶的影响。

不同竹荪品种,对温度的要求不一样。短裙竹荪、长裙竹荪、红托竹荪都属中温型,棘托竹荪属高温型。在营养生长阶段(即菌丝生长阶段)温度在5℃～30℃均可生长,最适生长温度为23℃～25℃。在10℃左右菌丝长满750毫升一瓶需4个月,在23℃需50～60天。因为在适宜的温度下,菌丝孢外酶的活性高,分解吸收营养的能力强,致使菌丝生长旺盛。若温度突然变化,0℃以下或35℃以上,菌丝立即发生色素变化,即由白色变为红色或暗红色,且很快衰退或死亡。30℃以上菌丝体发黄老化,子实体萎缩。中温型的品种,子实体形成和分化适温为19℃～28℃,在一些气温较高的地区,人工栽培很难越夏,且对环境条件、培养料和覆土要求苛刻,不易形成菌球,有的虽然形成菌球,但不能分化散裙,形成完整的子实体。棘托竹荪菌丝生长温度为5℃～35℃,但适温为16℃～27℃,子实体在18℃～30℃范围内,能形成和分化散裙。如果高于35℃,畦床水分大量蒸发,湿度下降,菌裙黏结不易下垂或托膜增厚,破口抽柄困难。

3. 水 分

水分是竹荪细胞的重要组成部分,也是竹荪新陈代谢和吸收营养必不可少的基本物质。水分包括培养基质含水量、空气相对湿度和土壤湿度。

(1)基质含水量 竹荪生长发育所需的水分,绝大部分是从培养基质来的。营养生长阶段的基质含水量以60%～65%为宜,低于30%菌丝脱水而死亡,高于75%培养基通透性差,菌丝会因缺氧窒息死亡。进入子实体发育期,培养基含水量要提高到70%,以利于养分的吸收和运转。但长菇期含水量过高,也会造成菌丝淤水而霉烂,影响生殖生长。

(2)空气相对湿度 空气相对湿度是指空气中水蒸气含

量的百分数。竹荪在营养生长阶段,因菌丝是在基质中蔓延生长,空气相对湿度对它没有直接的影响,不过空气相对湿度过低,会加速覆土层和培养基中水分的蒸发,也不利于菌丝的生长,在这个阶段的空气相对湿度以保持在 65%～75% 为宜。当进入生殖生长阶段,在菌蕾处于球形期和桃形期后,为了促使其分化,空气相对湿度要提高到 80%;菌蕾成熟至破口期,空气相对湿度要提高到 85%;破口到菌柄伸长期,空气相对湿度应在 90% 左右;菌裙张开期,空气相对湿度应达到95% 以上,此时期如果空气湿度偏低,菌裙则难以张开,粘连在一起,而失去商品价值(表 3-6)。

表 3-6　空气相对湿度与菌裙张开的关系

空气相对湿度	菌裙张开度	菌裙饱满度	裙边完整度	裙面湿润度
>95%	完全张开	饱满	完整	湿润
90%～95%	完全张开	饱满	完整	湿润
80%～90%	半张开	半皱缩	完整	半湿润
75%～80%	下垂	皱缩	不完整	干燥
<75%	粘连菌柄	全皱缩	不完整	枯干

(3)土壤含水量　竹荪菌丝体是在地下生长,在一般湿润的土壤条件均能生长,表土层含水量 25% 左右。人工栽培覆土时先要调节好覆土土粒的含水量,通常以手捏土粒扁而不碎、不黏手为宜。在栽培过程中,以保持土壤处于湿润状态为好,含水量过高或过低都不利竹荪的生长发育。

4. 空　气

竹荪属好氧型真菌,在进行呼吸作用时,与绿色植物正好相反,它吸入的是氧气,而排出的是二氧化碳。在正常的空气中,氧的含量约 21%,二氧化碳的含量为 0.03%,当空气中二氧化碳含量增加时,氧的分压必然要降低,这时竹荪的呼吸代谢活动就会受到过高的二氧化碳浓度所影响。因此,无论是在菌丝体生存的培养基质和土壤中,还是在菌蕾和子实体生存的空间,氧气都必须充足。如培养基质和土壤中的氧气充足,竹荪菌丝体长势就旺盛,生长速度就快,子实体原基形成也快;反之,菌丝生长缓慢,在严重缺氧的情况下,菌丝不仅生长受到抑制,而且会窒息死亡。一般来说,在竹林内栽培竹荪,竹荪和高等植物间进行气体交换,氧的供应是充足的,但要注意培养基质和土壤的通气,这就要科学地进行水分管理,切勿使基质和土壤长时间处于淹水状态。室内栽培和大田搭棚栽培竹荪,则必须不定期打开门窗或揭开覆盖的薄膜,进行通风换气。

5. 光 照

竹荪在营养生长阶段不需要光照,在无光下培养的竹荪菌丝体呈白色茸毛状,菌丝见光后生长受抑制,很快变成紫红色,且容易衰老。在生殖生长阶段,子实体原基的形成一般也不需光照。菌蕾出土后则要求一定的散射光,微弱的散射光不会影响菌蕾破口和子实体的伸长、散裙。但强烈的光照,不仅难以保持较高的环境湿度,而且还有碍于子实体的正常生长发育。强光和空气干燥时,容易使菌球萎蔫,表皮出现裂斑,不开裙或变成畸形菇体。人工栽培竹荪场所的光照强度,以控制在 15～200 勒为适宜。

6. 酸碱度

在自然界中竹荪是生长在林下腐殖层和微酸性的土壤中。腐竹叶的 pH 为 5.6,经竹荪菌丝体分解后 pH 下降到 4.6,由此可知竹荪是在偏酸性的环境条件下生长发育。较适宜的 pH 为 4.5～6.0,其中菌丝生长的 pH 以 5.5～6.0 为好,子实体发育的 pH 以 4.6～5.0 为适宜,pH 大于 7 时生长受阻。

7. 土 壤

土壤不仅可为竹荪菌丝提供一定的营养料、水分和热量等,还可提供适宜的 pH。但是对竹荪菌丝体来说,土壤仅仅是一种提供所需条件的介质,如没有土壤这种介质,只要能满足上述这些必须条件,菌丝仍然可以正常生长,但由营养生长转入生殖生长阶段时,就离不开土壤。覆土的作用除了支撑子实体外,可能还与竹荪原基分化时,必须有土壤的物理作用所产生的机械刺激有关,其机制尚待进一步研究。

(五)竹荪栽培场地的要求

野生竹荪多生长于潮湿、凉爽、土壤肥沃的竹林或阔叶林地上。人工栽培场地就要模仿它的生活习性来选择场地,人为创造适宜的环境条件,来满足其生长的需要。

1. 场地选择

栽培场地应选择交通方便,腐殖质层厚、土壤肥沃的稻田或背阴山凹郁闭度 70% 以上的竹林或阔叶树林地,不宜连作,呈弱酸性壤土,既有水源,又能排水,无白蚁窝及害虫的场地较为理想。

栽培场地除了有条件的地区按照上述要求选择外,还可以充分利用房前屋后的空闲地,瓜果地套种、旱地等作栽培场,旱地要引进水源。如果其他条件适宜,土质不肥,可另取肥沃腐殖质层高的竹木林地表土或塘泥等,作为铺底土和覆盖土壤,人为创造适宜的环境条件。

2. 整理畦床

竹林或阔叶树林地先剔去山地上的石头,铲除杂草,若水稻冬闲田栽培,开好排水沟,铲除稻桩。栽培前 10～15 天,遇雨天均匀施尿素、过磷酸钙作基肥,每 667 米^2 用尿素 15～20 千克、过磷酸钙 40～60 千克。畦床宽 0.65～0.75 米,长度视场地而定,床与床之间设人行通道,宽 25 厘米,畦床高度要距畦沟底 30～40 厘米,畦面要整成"龟背形",即中间高、四周低。

3. 消毒杀虫

林地、旱地栽培畦床内外和四周使用无公害农药消毒杀虫。要注意防止白蚁,可在蚁窝、蚁路上喷施灭蚁农药。

4. 荫棚搭盖

野外菇场由于阳光直接照射,会引起水分蒸发,为了防止阳光暴晒,现蕾时遮盖,棚顶铺设高粱秆、芦苇、茅草、芒萁草等遮荫,菇棚四周可种植瓜果等,使其藤叶蔓延伸到棚架旁边和架顶上,达到遮荫的效果。山区日照短,秋季播种可暂时不遮荫,让阳光透进菌床,增加温度,促进菌丝加快增殖,到春暖时可在畦上盖遮阳物,促进菌丝生长。平川地区日照长,气温高,荫棚秋冬"五阳五阴"发菌,夏季"二阳八阴",出菇避免强光过大,水分蒸发,造成缺水性萎蕾。

(六)竹荪生产的配套设施

1. 培养室安全条件

竹荪培养室分为菌种培养室和栽培袋发菌培养室两方面,简称菌种室和发菌室。它必须具备以下条件。

(1)远离污染区 作为无公害竹荪菌袋培养室,其环境质量要求,应选择在无污染和生态良好的地区。选点应远离食品酿造工业、禽畜舍、医院和居民区。因为靠近城市和工矿区,其有害微生物多,土壤中重金属含量较高,会导致重金属等有害物残留。

(2)结构合理 坐北朝南,地势稍高,环境清洁;室内宽敞,一般 $32 \sim 36$ 米^2 面积为宜,墙壁刷白灰;门窗对向,安装防虫网;设置排气口,安装排气扇。

(3)生态适宜 室内卫生、干燥、防潮,空气相对湿度低于 70%,遮荫避光,控温 $21℃ \sim 26℃$,空气新鲜。

(4)无害消毒 选用无公害的次氯酸钙药剂消毒,使之接触空气后迅速分解或对环境、人体及菌丝无害的物质,又能消灭病原微生物。

(5)物理杀菌 安装紫外线灯照射或电子臭氧灭菌器等物理消毒,取代化学药物杀菌。

我国农村庭院栽培竹荪的发菌室,多利用现有住房。为确保发菌成功,要求设有门窗、清洁卫生的楼上房间为好。一般而言,楼上房间比较干燥,空气较好。如果采用第一层房间发菌,也应选择铺有木板地的为好。如果水泥地或土地,必须在地面铺上两层塑料薄膜,上面再用木板条间距排放,叠袋发菌。为了提高发菌室利用率,室内设多层培养架,便于排放菌袋。地面较低、潮湿、靠近酿造发酵处的住房切不可使用,以免造成病原微生物传播污染。

2. 栽培地要求

竹荪栽培场所,野外简易搭盖的称为菇棚。由于出菇要求环境有一定相对湿度,应选择远离"三废"排放地,空气清新,周围无大气污染源,尤其是风口无污染。水质纯净,土壤未受污染,生态环境良好的区域,其空气质量、土壤质量、用水质量,均应符合国家农业行业标准 NY/5358～391—2007《无公害食品 食用菌产地环境技术条件》的要求。

场地土壤要求:土壤中无农药残留,不得含天然或人工合成的硝酸盐、磷酸盐、氯化物等物质,以及重金属元素。选用傍山近河,四周空阔,菇棚坐北朝南。场地土壤要求严格,如果土壤中重金属含量高,就会被吸收,影响竹荪产品质量。为此,场地土壤必须选择符合环境质量要求。

(七)配套机械设备

竹荪原料切碎、搅拌、装制种料袋均可机械化取代手工操作,常用有以下几种。

1. 原料切碎机

利用树木、果、桑枝桠或棉秆、玉米芯作原料的地区,必须购置原料切碎机。这是一种木材切片与粉碎合成一体的新型机械。生产能力每小时 1 000 千克/台,配用 15~18 千瓦电动机或 11 千瓦以上柴油机。适用于枝条、农作物秸秆等原料的加工。

2. 培养料搅拌机

选用新型自走式培养料搅拌机,该机由开堆、搅拌器、惯性轮、走轮、变速箱组成,配用 2.2 千瓦电机及漏电保护器,生产效率 5 000 千克/时。体积 100 厘米×90 厘米×90 厘米(长×宽×高),占地面积 2 米^2,自身重量 120 千克,是目前培养料搅拌机体积小,实用性强的新型设备。目前,一家一户野外栽培量少,拌料在田间地头人工操作。

3. 菌种料装袋机

具有一定规模的制种企业,可选用自动化冲压装袋机,生产效率 1 500 袋/时。一般菇农可购置多功能装袋机,配用0.75 千瓦电动机,普通照明电压,生产能力每小时 1 000 袋/台,配用多套口径不同的出料筒,可装不同折幅的栽培袋。

4. 脱水烘干机

目前,较为理想的是新型单体和连体节能环保烘干机。其结构简单,热交换器安装在中间,两旁设置两个干燥箱或多个干燥箱,箱内各安置 12 层烘干筛。箱底两旁设热风口,风扇功率选用 1.3 千瓦/时。机内设 3 层保温,中间双重隔层,使产品烘干不焦。箱顶设排气窗,使气流在箱内流畅,强制通风脱水干燥,配有三相(380 伏)、单相(220 伏)电压用户可自选。燃料柴、煤均可。鲜菇进房一般 3～4 小时干燥,两个干燥箱可加工鲜菇 150～200 千克/台·次,4 个干燥箱加倍。新型节能环保烘干机见图 3-5。

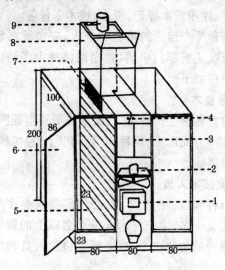

图 3-5　新型节能环保烘干机图示

1. 热交换　2. 排风扇　3. 活动进风口　4. 上进风口手柄　5. 热风口
6. 门　7. 回风口　8. 进风口　9. 烟囱

四、竹荪菌种制作

(一)菌种生产资质条件

国家农业部颁布《食用菌菌种管理办法》(2006 年 6 月 1 日起实施)明确规定食用菌菌种生产实行市场准入制度,并对菌种生产提出了切实可行的详细的资质要求,主要包括技术资质的审核、注册资本登记、资金、技术条件等。

从事菌种生产经营的单位和个人,应向所在地县级农业(食用菌)行政主管部门申请《食用菌菌种生产经营许可证》,具体要求条件如下。

1. 注册资本

申请竹荪菌种生产许可证,要求注册资本证明材料,生产经营母种 100 万元以上,原种 50 万元以上,栽培种 10 万元以上的证明材料。

2. 专业技术人员

申请母种和原种生产单位,必须经省农业厅考核合格的菌种检验人员 1 名,生产技术人员 2 名以上的资格证明。申请生产栽培种的单位或个人,必须有检验人员和生产技术人员各 1 名。

3. 生产设施

仪器设备和生产设施清单及产权证明,主要仪器设备的照片包括菌种生产所需相应的灭菌、接种、培养、贮存、出菇试验等设备、相应的质量检验仪器与设施。

4. 经营场所

菌种生产经营场所照片及产权证明。其环境卫生及其他条件，都应符合农业部 NY/T 528—2002《食用菌菌种生产技术规程》要求。

5. 种性介绍

品种特性介绍，包括生物特性、经济性状、农艺性状。

6. 保质制度

菌种生产经营质量保证制度。申请母种生产经营许可证的品种为授权品种，为授权品种所有权人（品种选育人）授权书面证明。

（二）菌种繁殖特征

1. 繁殖原理

竹荪繁殖分为有性繁殖和无性繁殖两种。人工分离母种是根据子实体成熟时，能够弹射担孢子的特性，使子实体上的许多担孢子着落在培养基上，以出芽的方式萌发形成菌丝，即为菌种。这种自然繁殖方式，通过人为分离的方法，称为有性分离或有性繁殖。而从子实体分离出菌丝体，移接在培养基上，使其恢复到菌丝发育阶段，变成没有组织化的菌丝来获得母种，称为无性繁殖。用这种分离获得母种，既方便又较有把握，其子实体和菌丝体都是近缘有性世代，遗传基因比较稳定，抗逆力强，母系的优良品质，基本上可以继承下来。

2. 生活条件

营养是竹荪菌种生命活动的物质基础，氢、氧、氮、碳、钙、磷、铁、钾、镁、硫等元素，以有机和无机化合物，构成菌丝体生长发育所需之能源和营养源。在人工分离培育菌种时，配入适量的蔗糖、麦麸、淀粉、蛋白胨、磷酸盐、硫酸镁等营养成分，以满足其生长发育的需要。

菌种生活条件除了营养之外，还必须根据竹荪生理和生态条件的要求，满足其所需要的温度、湿度、空气、光照、pH等。人为创造适合菌种生活的环境条件，有利于提高菌种成品率和质量。

（三）竹荪菌种分级繁殖

1. 竹荪菌种分级

竹荪菌种分为一级种、二级种和三级种，不同级别的菌种其特点不同。

一级种称为母种，通常是从子实体或基内分离选育出来的，称为一级菌种。它一般接种在试管内的琼脂斜面培养基或玻璃瓶木屑培养上培养出来的，母种数量很少，还不能用于大量接种和栽培，只能用作繁殖和保藏。

二级种称为原种，把母种移接到菌种瓶内的木屑、麦麸等培养基上，所培育出来的菌丝体称为原种。原种是经过第二次扩大，所以又叫二级菌种。原种虽然可以用来栽培产出子实体，但因为数量少，用作栽培成本高，一般不用于生产栽培。因此，必须再扩大成许多栽培种。竹荪试管母种，通常一支可以接 4～5 瓶原种。

三级种称为栽培种，又叫生产种。即把原种再次扩接到同样的木屑培养基上，经过培育得到的菌丝体，作为竹荪栽培用的菌种。栽培种经过了第三次扩大，所以又叫三级菌种，每瓶原种可扩接成栽培种 40～50 袋。

2. 菌种形成程序

经过上述三级培育竹荪菌丝体的数量大为增加。每支试管的斜面母种,一般可繁殖成 4～5 瓶原种,每瓶原种又可扩大繁殖成栽培种 40～50 袋。在菌种数量扩大的同时,菌丝体也从初生菌丝发育到次生菌丝,菌丝也越来越粗壮,分解物质的能力越来越强。竹荪三级菌种的形成及生产工艺流程如图 4-1 所示。

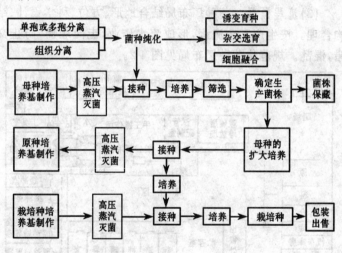

图 4-1 竹荪菌种形成程序及生产工艺流程

(四)竹荪菌种生产设置

1. 菌种厂合理布局

(1)远离污染 菌种厂必须远离禽舍、畜厩、仓库、生活区、垃圾场、粪便场、厕所和扬尘量大的工厂(水泥厂、砖瓦厂、石灰厂、木材加工厂)等,菌种厂与污染源的最小距离为 300

米。菌种场应座落在地势稍高,四周空旷,无杂草丛生,通风好,空气清新之处。

(2)**严格分区** 按照微生物传播规律,严格划分为带菌区和无菌区。两区之间拉大距离。原料、晒场、配料、装料等带菌场所,应位于风向下游西北面;冷却、接种、培养等无菌场所,应为风向上游东南面;办公、出菇、试验、检测、生活等场地,应设在风向下游。

(3)**流程顺畅** 菌种厂布局结合地形、方位、科学设计、结构合理。按生产工艺流程,形成流水作业,走向顺畅,防止交错,混乱。规范化菌种厂布局见图4-2。

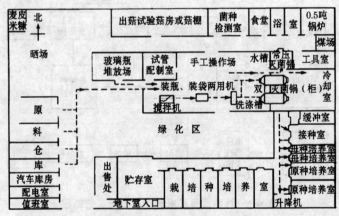

图4-2 规范化菌种厂平面布局示意图

(4)**装修达标** 各作业间在内装修上要求水泥抹地、磨光,便于冲洗;内墙壁接地四周要砌成半圆形,墙壁刷白灰。冷却室、接种室的四周墙壁及天花板需油漆防潮。冷却室需安装空气过滤器,并配备除湿和强冷设备。接种室内要求严密、光滑、清洁,室门应采用推拉门。

2. 灭菌设备

灭菌设备包括高压蒸汽灭菌锅和常压灭菌灶两方面。它主要用于菌种培养基灭菌,杀灭有害病原菌,达到基质安全的效果。

(1)高压蒸汽灭菌锅 高压蒸汽灭菌锅用于菌种培养基的灭菌,常用的有手提式、立式和卧式高压蒸汽灭菌锅。试管母种培养基由于制作量不大,适合用手提式高压蒸汽灭菌锅,其消毒桶内径为 28 厘米、深 28 厘米,容积 18 升,蒸汽压强在 0.103 兆帕(1 千克/厘米^2)时,蒸汽温度可达 121℃。原种和栽培种数量多,宜选用立式或卧式高压蒸汽灭菌锅。其规格分为 1 次可容纳 750 毫升的菌种瓶 100 个、200 个、260 个、330 个不等。除安装有压力表、放气阀外,还有进水管、排水管等装置。卧式高压蒸汽灭菌锅其操作方便,热源用煤、柴均可。高压蒸汽灭菌锅的杀菌原理是:水经加热产生蒸汽,在密闭状态下,饱和蒸汽的温度随压力的加大而升高,从而提高蒸汽对细菌及孢子的穿透力,在短期内可达到彻底灭菌。高压蒸汽灭菌锅的结构见图 4-3。

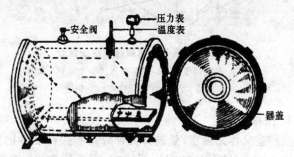

图 4-3 高压蒸汽灭菌锅

(2)常压高温灭菌灶 常压高温灭菌灶是栽培种的培养料装袋后,进行灭菌不可少的设备,常用钢板平底锅灭菌灶。

生产规模大的单位可采用砖砌钢板平底锅灭菌灶,其体长280～350厘米、宽250～270厘米,灶台炉膛和清灰口各1个或2个,灶上配备0.4厘米厚钢板焊成平底锅,锅上垫木条,料袋重叠在离锅底20厘米的垫木上。叠袋后罩上薄膜和篷布,用绳捆牢,1次可灭菌料袋6 000～10 000袋。钢板平底锅罩膜常压灭菌灶见图4-4。

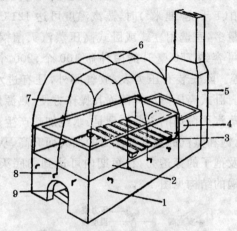

图4-4 钢板平底锅罩膜常压灭菌灶

1.灶台 2.平底钢板锅 3.叠袋垫木 4.加水锅 5.烟囱
6.罩膜 7.扎绳 8.铁钩 9.炉膛

3. 接种设施

接种室又称无菌室,是进行菌种分离和接种的专用房间。其结构分为内外两间,外间为缓冲室,面积约2米²,高约2.5米。接种室内工作台的上方及缓冲室的中央,安装紫外线灭菌灯(波长253埃,30瓦)及日光灯各1盏。无菌设备还有接种箱,母种和原种接种常在接种箱内进行,采用木条作骨架,制成密闭式的箱柜,装配玻璃,有条件的单位可购置超净工作台。

竹荪接种分为两个生产环节:一是菌种扩繁接种,二是栽培种接种。接种关系到菌种和栽培种的成品率,也直接影响竹荪生产的效益。接种必备接种箱、接种室或超净工作台。

(1)接种箱 又名无菌箱,主要用于菌种分离和菌种扩大移接,无菌操作。箱体采用木材框架,四周木板,正面镶玻璃,具有密封性,便于药物灭菌,防止接种时杂菌侵入。接种箱的正面开两个圆形洞口,装上布袖套,便于双手伸入箱内进行操作。箱顶安装1盏紫外线灭菌灯,箱内可用气雾消毒盒或福尔马林和高锰酸钾混合熏蒸消毒。接种箱结构见图4-5。

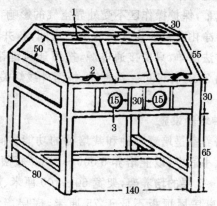

图4-5 接种箱结构 (单位:厘米)

1. 活叶 2. 把手 3. 操作孔

(2)无菌室 这是分离菌种和接种专用的无菌操作室,又称接种室。无菌室要求密闭,空气静止;经常消毒,保持无菌状态。室内设有接种超净操作台、接菌箱,备有解剖刀、接菌铲、接菌针、长柄镊子、酒精灯、无菌水和紫外线灭菌灯等用具。这个房间不宜过大,一般长 4 米、宽 3 米、高 2.5 米。若过大消毒困难,不易保持无菌条件。墙壁四周用石灰粉刷,地面要平整光滑,门窗关闭后能与外界隔离。室内必须准备4~5 层排放菌种的架子,安装 1~2 盏紫外线灭菌灯(253 埃,功率 30 瓦)和 1 盏照明日光灯。接种室外面设有一间缓冲间,面积为 2 米²,同时安装有 1 盏紫外线灭菌灯和更衣架。

(3)超净工作台 超净工作台主要用于接种,又称净化操作台,是一种局部流层装置(平行流或垂直流),能在局部形成高洁净度的环境。它利用过滤的原理灭菌,将空气经过装置在超净工作台内的预过滤器及高效过滤器除尘。洁净后再以层流状态通过操作区,加之上部狭缝中喷送出的高速气流所形成的空气幕,保护操作区不受外界空气的影响,使操作区呈无菌状态。净化台要求装置在清洁的房间内,并安装紫外线灯。操作方法简单,只要接通电源,按下通风键钮,同时开启紫外线灯约 30 分钟即可。接种时,把紫外线灯关掉。超净工作台见图 4-6。

4. 菌种培养设施

恒温培养室是培育原种和栽培种的功能房间,其结构和设置要求大小适中,以能培养 5 000~6 000 瓶菌种为宜。培养室内设 6~7 层的培养架,架宽 60~100 厘米、层距 33~40 厘米,顶层离房屋顶板不低于 75 厘米,底层离地面不低于 20~25 厘米,长与高按培养室大小设计。培养室需配备控温设备,主要有用于加温的暖风机、电暖气和用于降温的空调等,满足菌种生长对温度的需要。在制作母种和少量原种时,一般均采用电热恒温箱培养,专业性菌种厂需购置。恒温培养室见图 4-7。

恒温箱,又称培养箱,在制作母种和少量原种接种后,一

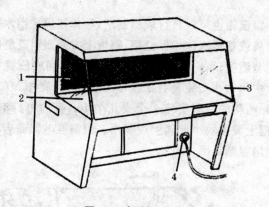

图 4-6 超净工作台

1. 高效过滤器 2. 工作台面 3. 侧玻璃 4. 电源

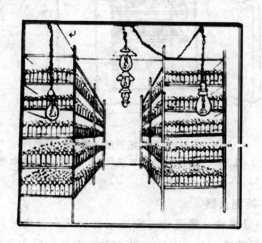

图 4-7 恒温培养室

般采用电热恒温箱培养。其结构严密,可根据菌种性状要求的温度,恒定在一定范围内进行培养,专业性菌种厂必备此种设施。恒温箱也可以自行取料制造,箱体四周采用木板隔层,内用木屑或塑料泡沫作保温层;箱内上方装塑料乙醚膨片,能自动调节温度;箱内两侧各钉2根木条,供搁或放置托盘用;箱顶板中间钻孔安装套有橡皮圈的温度计,旋扣和刻度盘安装在箱外,箱底两侧安装1个或几个100瓦的电灯泡作为加热器;门上装1块小玻璃供观察用。恒温器电器商店有售,自制恒温培养箱见图4-8。

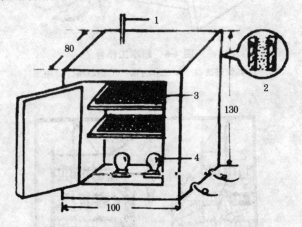

图 4-8　自制恒温培养箱　(单位:厘米)
1. 温度计　2. 木屑填充　3. 架网　4. 灯泡　5. 检测仪器

5. 检测仪器

(1)照度计　照度计是测定培养室或菇棚内光线强度的仪器。目前常用的是北京师范大学光电仪器厂生产的 ST-11 型照度计。它的感光部分系将硅光电池装于一个胶木盒内,用导线与灵敏电流表相连。当光电池放在欲测位置时,它即按该处光线强度产生相应电流,从电流表指针所指刻度,就可以读出照度数值。照度表单位为勒[克斯]。

（2）**氧与二氧化碳测定仪**　这是测量培养室及菌丝中氧气与二氧化碳的仪器。上海产的学联牌 SYES-II 型氧、二氧化碳气体测定仪，此仪器低功耗，便携带，采用发光二极管数字显示，读数直观、清晰，能快速测定出混合气体中氧气、二氧化碳的百分比含量。具体使用方法见仪器说明书。

（3）**pH 试纸**　pH 试纸是用来测定配制培养料的酸碱度。有精密试纸与广范试纸两种，食用菌一般用广范试纸。测试时，取试纸一小段，抓一把拌匀的培养料，将试纸插入料中紧握 1 分钟，取出与标准色板比较，即可读得 pH 数值。

（4）**生物显微镜**　用于观察菌丝和孢子的形态结构。

（5）**干湿温度表**　这是测定空气相对湿度的仪器。这种仪器是在 1 块小木板上装有两根形状一样的酒精温度表，左边 1 根为干表，右边 1 根球部扎有纱布，经常泡在水盂中为湿表。中间滚筒上装有湿度对照表，观察空气相对湿度时，将此表挂在室内空气流通处，水盂中注入凉开水，将纱布浸湿。

（6）**玻璃温度计**　用于测定培养室、干燥箱、冰箱以及竹荪栽培棚的温度。

6. 常用器具

（1）**制作用具**　菌种制作常用以下几种器具。

三角烧瓶及烧杯：用于制备培养基，三角烧瓶规格为 200毫升、300 毫升、500 毫升三种；烧杯常用 200 毫升、500 毫升、1 000 毫升三种。

量杯或量筒：在配制培养基时，用于计量液体的体积，常用规格为 200 毫升、500 毫升、1 000 毫升三种。

漏斗及加温漏斗：用于过滤或分装培养基，通常以口径300 毫米左右的玻璃漏斗为好。

不锈钢锅或铝锅(铁锅不适用)及电炉:用于加热溶解琼脂,调制 PDA 培养基。

铁丝试管笼:用于盛装玻璃试管培养基,进行灭菌消毒等。一般为铁丝制成的篮子,直径为 22 厘米,高 20 厘米,也可用竹篮子代替。

标准天平:用于称量各种试验样品和培养料。

酒精灯:用于接种操作时灭菌消毒。

吸管:用于吸取孢子液的玻璃管,上有刻度。常用规格有 0.5 毫升、1 毫升、5 毫升和 10 毫升四种。

其他:解剖刀、镊子、剪刀、止水夹、胶布、棉花、纱布、专用玻璃蜡笔、记录本等,也是菌种生产所必备的。

(2)接种工具 应选用不锈钢制品,分别有接种铲、接种刀、接种耙、接种环、接种钩、接种匙、弹簧接种器、镊子等,见图 4-9。

(3)育种器材 菌种培育过程需要机具如下。

空调机:选用冷暖式空调机,用于调控菌种室温度。

试管:用于制备斜面培养基,分离培养菌种,常用规格为 15 毫米×150 毫米,18 毫米×180 毫米,20 毫米×200 毫米。

培养皿:用于制备平板培养基,分离培养菌种,系玻璃制品,有盖。

菌种瓶:用于培养原种,常用玻璃菌种瓶。

(五)母种分离与培育

1. 母种培养基配制

竹荪母种培养基以琼脂培养基为主,下面介绍三组琼脂培养基制作方法。

配方 1:马铃薯 200 克(用浸出汁),葡萄糖 20 克,琼脂 20

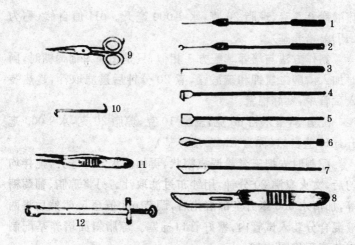

图4-9 接种工具

1. 接种针　2. 接种环　3. 接种钩　4. 接种锄　5. 接种铲　6. 接种匙

7、8. 接种刀　9. 剪刀　10. 钢钩　11. 镊子　12. 弹簧接种器

克,水1 000毫升,pH值自然(统称为PDA培养基)。

　　配制时先将马铃薯洗净去皮(已发芽的要挖掉芽眼),称取200克切成薄片,置于铝锅中加水1 000毫升,煮沸30分钟,捞起用4层纱布过滤取汁,水不足1 000毫升,则加水补足,然后称取琼脂20克,用剪刀剪碎后加入马铃薯汁液内,继续文火加热,并用竹筷不断搅拌,使琼脂全部溶化,再加入葡萄糖,稍煮几分钟后,用4层纱布过滤1次,并调节pH值至5.6,最后趁热分装入试管内,装量为试管长的1/5,管口塞上棉塞。分装时,应注意不要使培养基沾在试管口和管壁上,以免发生杂菌感染。然后置于高压蒸汽锅内以0.12兆帕压力,灭菌30分钟,趁热出锅排成斜面。

　　配方2:马铃薯200克,葡萄糖20克,磷酸二氢钾2克,

硫酸镁 0.5 克,琼脂 20 克,水 1 000 毫升。pH 值自然(称为
CPDA 培养基)。

制作方法与培养基配方 1 相似,只是在加入葡萄糖时,同
时加入磷酸二氢钾和硫酸镁,煮 20 分钟后过滤取汁,趁热装
入试管中,塞好棉塞。

配方 3:玉米粉 60 克,蔗糖 10 克,琼脂 20 克,水 1 000 毫
升,pH 值自然(称为 CMA 培养基)。

配制时先把玉米粉调成糊状,再加清水 500 毫升,搅拌均
匀后,文火煮沸 20 分钟,用纱布过滤取汁。另将琼脂、葡萄糖
等,加清水 500 毫升全部溶化后,调节 pH 值至 5.6,然后将两
液混合分装入试管内,塞好管口棉塞。琼脂斜面培养基配制
工艺流程见图 4-10。

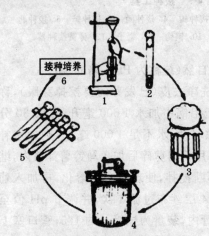

图 4-10 琼脂斜面培养基制作流程
1. 分装试管 2. 棉塞 3. 打捆
4. 灭菌 5. 排成斜面 6. 接种培养

2. 标准种菇选择

作为竹荪母种分
离的种菇,是育种的种
源,可从野生和人工栽
培的群体中采集。各
地科研部门,对竹荪菌
种驯化已取得成效,许
多菌株已通过人工大
面积栽培,成为定型的
速生高产菌株。现有
竹荪大部分是从人工
栽培中选择种菇。下
面介绍标准的种菇应
具备以下条件及工序。

(1)种性稳定 经

大面积栽培证明,普遍获得高产、优质,且尚未发现种性变异或偶变现象的菌株。

(2)生活力强 菌丝生长旺盛,出菇快,长势好,菇柄大小长短适中,七八成熟,未开伞,基质子实体均无病害发生。

(3)确定季节 标准种菇以春、秋季产的菇体为好。

(4)成熟程度 通常以子实体伸展正常,略有弹性时采集。此时若在种菇的底部铺上一张塑料薄膜,24小时后用手抚摸,有滑腻的感觉,这就是已弹射的担孢子。

(5)入选编号 确定被选的种菇,适时采集1～2朵,编上号码,作为分离的种菇,并标记原菌株代号。

3. 孢子分离法

竹荪实体成熟时,会弹射出大量孢子,孢子萌发成菌丝后培育成母种。孢子的采集和培育具体操作规程如下。

(1)分离前消毒 采集的种菇表面可能带有杂菌,可用75%的酒精擦拭2～3遍,然后再用无菌水冲洗数次,用无菌纱布吸干表面水分。分离前还要进行器皿的消毒,把烧杯、玻璃罩、培养皿、剪刀、不锈钢钩、接种针、镊子、无菌水、纱布等,一起置于高压蒸汽灭菌器内灭菌,然后连同酒精灯和75%酒精或0.1%升汞溶液,以及装有经过灭菌的琼脂培养基的三角瓶、试管、种菇等,放入接种箱或接种室内进行消毒。

(2)孢子采集

①整朵插菇法 在接种箱中,将经消毒处理的整朵种菇插入无菌孢子收集器里,再将孢子收集器置于适温下,让其自然弹射孢子。

②三角瓶钩悬法 将消毒过的种菇,用剪刀剪取拇指大小的菇盖,挂在钢钩上,迅速移入装有培养基的三角瓶内。菇盖距离培养基2～3厘米,不可接触到瓶壁,随手把棉塞塞入

瓶口。为了便于筛选,1 次可以多挂几个瓶子。

孢子采集见图 4-11。

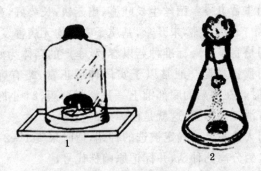

图 4-11　孢子采集

1. 整朵插菇法　2. 钩悬法

将采集到的孢子接种在培养皿或试管培养基上,在恒温箱内培养萌发菌丝即可获得母种。

4. 组织分离法

组织分离法属无性繁殖法。它是利用竹荪子实体的组织块,在适宜的培养基和生长条件下分离、培育纯菌丝的一种简便方法,具有较强的再生能力和保持亲本种性的能力,这种分离法操作容易,不易发生变异。但如果菇体染病,用此法得到的菌丝容易退化,若种菇太大、太老,此法得到的菌丝成活率也很低。

竹荪的菌蕾,实际是菌丝体的纽结物,组织化的纯菌丝,具有很强的再生和保持种性的能力。因此只要取一小块组织,移植到琼脂培养基上,便能促使其进入营养生长,从而获得竹荪纯菌丝体,组织分离法见图 4-12。

竹荪组织分离时撑握好以下技术关键。

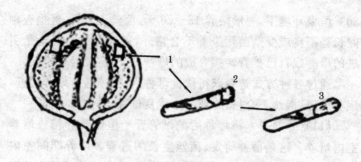

图 4-12　组织分离示意图
1. 切取部位　2. 接种　3. 培养

（1）**选取菌蕾**　选择颗粒肥大、结实，顶端没有出现突起，尚未开裂，无病虫害，有七、八分成熟的适龄菌蕾作分离材料。

（2）**表面消毒**　用升汞溶液进行表面灭菌处理或直接用棉球蘸取 75％乙醇，在菌蕾表面涂揩 2～3 遍，亦可达到灭菌之目的。

（3）**剖开蕾体**　用经酒精灯火焰灭菌的手术刀，沿菌蕾纵轴方向，在中部切 0.2～0.4 厘米深的切口，去掉外包被的菌膜；再用消毒过的手指将菌蕾沿切口撕开，将手术刀在酒精灯火焰上消毒；然后在露出的剖面上，用刀切划成许多小方格，约 0.3 厘米×0.5 厘米。

（4）**接种萌发**　将接种针在酒精灯火焰上消毒后，挑取白色组织块，迅速地接种到斜面培养基的中央，接种物黄豆粒大小，接种后的试管，放到恒温箱内培养。组织块萌发时间与竹荪品种和菌丝生长速度有关，短裙竹荪接种后 7 天萌发，长裙竹荪在接种后的 3 天内即可萌发。

5. 培养与认定

扩接后的母种，置于恒温箱或培养室内培养，在 23℃～

26℃恒温环境下,一般培养15～20天,菌丝走满管,经检查剔除长势不良或受杂菌污染等不合格外,即成母种。无论是引进的母种或自己扩管转接育成的母种后,一定要经过检验。

通过各种方式选育获得优良母种后,必须通过培养检查,逐项认定,淘汰不合格,终获一个优良母种,具体方法如下。

(1)培养管理 将接种后的试管置于恒温培养箱或培养室内培养。这是菌种萌发、菌丝生长的过程。培养期间室内要尽量避光,为使菌丝生长更加健壮,培养室或培养箱内的温度控制,最好较菌丝生长的最适温度低2℃～3℃,应控制在15℃～21℃。除此之外,培养期间还要求环境干燥,空气相对湿度低于70％为宜。在高温高湿季节,要特别注意防止高温造成菌丝活力降低和高湿引起的污染。

(2)认真检查 培养期间每天都要进行检查,发现不良个体,及时剔除。试管母种的感官检查主要包括菌种是否有杂菌污染,有无黄、红、绿、黑等不同颜色的斑点出现。检查菌种外观,包括菌丝生长量(是否长满整个斜面),菌丝体特征,观察菌丝体的颜色、密集程度、生长是否舒展、旺健及其形态;观察菌丝体是否生长均匀、平展、有无角变现象;菌丝有无分泌物,如有其颜色和数量;菌落边缘生长是否整齐等方面;检查试管斜面背面,包括培养基是否干缩、颜色是否均匀、有无暗斑和明显色素;检测气味,是否具有特有本品应有的香味,有无异味。

(3)逐项认定 优良的母种是具有诸多共同特征的。

①**菌丝生长整齐** 生长外观包括长速、色泽、菌落的厚薄及气生菌丝的多寡等。

②**长速正常** 不同菌株的试管母种,在一定的营养和培养条件下,应该保持其原有的固定生长速度。

③形态特征　不同菌株的试管母种,在一定的营养和培养条件下,均有其各自的形态特征,如菌丝的色泽、浓密程度、菌落形态、生长边缘、气生菌丝多寡、培养基中有无色素沉淀和色泽等特征。

④菌落边缘　菌落生长边缘外观应饱满、整齐、长势旺盛。

(4)淘汰处理　经过检测认定的不合格或有怀疑病状的母种,应及时淘汰处理:菌落形态不正常,表现为菌落紧皱,丝状的气生菌丝变为雪花状,气生菌丝变多或变少甚至消失;菌丝倒状,生长势弱;生长变快或变慢都是不正常的;个体间长速和长相不均一;色素的出现,说明菌种退化严重。

6. 母种转管扩接

无论自己分离获得的母种,或是从制种单位引进的母种,直接用作栽培种,不但成本高、不经济,且因数量有限,不能满足生产上的需求。因此,一般对分离获得的一代母种,都要进行扩大繁殖。即选择菌丝粗壮、生长旺盛、颜色纯正、无感染杂菌的试管母种,进行转管扩接,以增加母种数量。一般每支一代母种可扩接成20~25支。但转管次数不应过多,因为转管次数太多,菌种长期处于营养生理状态,生命繁衍受到抑制,子实体小,肉薄,朵小。因此,母种转管扩接,一般转管3次,最多不超过5次。母种转管扩接操作技术规程如下。

(1)涂擦消毒　将双手和菌种试管外壁用75%酒精棉球涂擦。

(2)合理握管松动棉塞　将菌种和斜面培养基的两支试管用大拇指和其他四指握在左手中,使中指位于两试管之间,斜面向上,并使它们呈水平位置。先将棉塞用右手拧转松动,以利于接种时拔出。

(3)接种针消毒　右手拿接种针,将接种针在接种时可能进入试管的部分,全部用火焰灼烧消毒。

(4)**管口灼烧**　用右手小指、无名指和手掌拔掉棉塞夹住,靠手腕的动作不断转动试管口,并通过酒精灯火焰。

(5)**按步接种**　将烧过的接种针伸入试管内,先接触没有长菌丝的培养基上,使其冷却;然后将接种针轻轻接触菌种,挑取少许菌种,即抽出试管,注意菌种块勿碰到管壁;再将接种针上的菌种迅速通过酒精灯火焰区上方,伸进另一支试管,把菌种接入试管的培养基中央。

(6)**回塞管口**　菌种接入后,灼烧管口,并在火焰上方将棉塞塞好。塞棉塞时不要用试管去迎棉花塞,以免试管在移动时吸入不净空气。

(7)**操作敏捷**　接种整个过程应迅速、准确。最后将接种好的试管贴上标签,送进培养箱内培养。母种转管扩接无菌操作方法见图4-13。

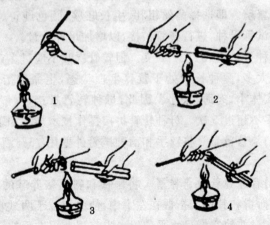

图4-13　母种转管扩接无菌操作

1. 接种针消毒　2. 无菌区接种　3. 棉塞管口消毒　4. 棉塞封口

7. 菌种逐级扩繁

每支竹荪母种,一般扩接原种 4～5 瓶,接种后置于 22℃～27℃室内,培养 50～60 天菌丝走到瓶底即可。原种每瓶扩接栽培种 45～50 袋,需培养 60 天左右菌丝满袋,即可用于栽培竹荪。

(六)原种制作技术

原种是由母种繁殖而成,属于二级菌种,育成后作为扩大繁殖栽培种用的菌种。因此,对培养料要求高,制作工艺精细。具体技术规程如下。

1. 原种生产季节

原种制作时间,应按当地所确定竹荪栽培袋接种日期为界限,提前 60～70 天开始制作原种。菌种时令性强,如菌种跟不上,推迟供种,影响产菇佳期;若菌种生产太早,栽培季不适应,放置时间拖长,引起菌种老化,导致减产或推迟出菇,影响经济效益。

2. 培养基配制

原种培养基配方常用以下几组。

(1)木屑培养基配方

配方 1:木屑 77%,麦麸 21%,蔗糖 1%,轻质碳酸钙 1% 或石膏粉 1%。

配方 2:木屑 77.8%,麦麸 20%,蔗糖 1%,石膏粉 1%,硫酸镁 0.2%。

(2)混合培养基配方

配方 1:木屑 53%,棉籽壳 20%,麸皮 10%,玉米粉 15%,石膏粉 1%,蔗糖 0.5%,磷酸二氢钾 0.4%,硫酸镁 0.1%。

配方 2：木屑 58％，玉米粉 25％，麦麸 15％，石膏粉 1％，磷酸二氢钾 0.4％，硫酸镁 0.2％，红糖 0.4％。

(3)玉米粒培养基配方 玉米粒 70％，杂木屑 25％，石膏粉 1％，麦麸 4％。

配制方法：按比例称取木屑和棉籽壳、麦麸、蔗糖、石膏粉。先把蔗糖溶于水，其余干料混合拌匀后，加入糖水反复拌匀。棉籽壳拌料妥后，须整理成小堆，待水分渗透原料后，再与其他辅料混合搅拌均匀。检测含水量为 60％，pH 为 6.5。

3. 装瓶灭菌

原种多采用 750 毫升的广口玻璃菌种瓶，也可用聚丙烯菌种瓶或塑料袋。培养料要求装得下松上紧，松紧适中，过紧缺氧，菌丝生长缓慢；太松菌丝易衰退，影响生活力，一般以翻瓶料不倒出为宜。装瓶后也可采取在培养基中间钻 1 个 2 厘米深、直径 1 厘米的洞，可提高灭菌效果，有利于菌丝加快生长。装瓶后用清水洗净、擦干瓶外部，棉花塞口，再用牛皮纸包住瓶颈和棉塞，进行高压蒸汽灭菌，以 0.15 兆帕压力保持 2 小时。棉籽壳培养基高压蒸汽灭菌，适当延长 30 分钟。

4. 原种接种培养

原种是由母种接入，每支母种可扩接原种 4～5 瓶，具体操作方法见图 4-14。

原种培养室要求清洁、干燥和凉爽。接种后 10 日内，室内温度保持 23℃～26℃。由于菌丝呼吸放出热量，当室温达到 25℃时，瓶内菌温可达到 30℃左右，所以室温不宜超过 27℃。如果室温过高，则菌丝生长差，影响菌种质量。室温超过规定标准时，应采用空调降至适温，同时加强通风，室内空气相对湿度以 70％以下为好。原种培养室的窗户，要用黑布遮光，以免菌丝受光照刺激，原基早现，或基内水分蒸发，影响菌丝生长。

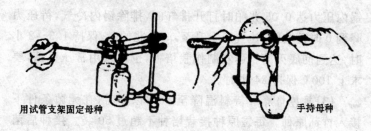

用试管支架固定母种   手持母种

图 4-14　母种接种原种示意图

当菌丝长到培养基的 1/3 时,随着菌丝呼吸作用的日益加强,瓶内料温也不断升高。此时,室温要比开始培育时降低 2℃～3℃,并保持室内空气新鲜,20 天之后室温应恢复至 25℃。

（七）栽培种制作技术

栽培种是由原种进一步扩大繁殖而成,每瓶原种可接栽培种 40～50 袋。有条件的菇农可进行栽培种的生产,这不仅可节约开支,而且可免去购买菌种的长途运输。

1. 栽培种生产季节

按竹荪大面积生产,菌袋接种日期提前 60～70 天进行栽培种制作。如南方安排春季栽,9 月下旬开始菌袋生产,其栽培种要提前于 10 月下旬进行制作,并根据栽培种的数量安排制作时间,栽培种的培养基以木屑为主。

2. 综合培养基栽培种制作技术

(1)培养基配方　杂木屑 79％、麦麸 20％、轻质碳酸钙 1％或石膏粉 1％,料与水比例 1∶1.1～1.2,混合拌匀,装入 14 厘米×28 厘米的菌种袋,每袋湿重 500 克左右。

(2)料袋灭菌　采用高压蒸汽灭菌。其方法:当高压蒸汽锅内压力达 0.05 兆帕时打开排气阀,排除锅内冷气,待压力降到 0 时再关闭,让气压上升至 0.15 兆帕时,保持 1.5~2 小时,达到彻底灭菌。菇农制作栽培种,也可采用常压灭菌,要求上 100℃保持 24 小时。

(3)接种培养 待料温降至 28℃以下时,在无菌条件下接入竹荪原种。每袋原种接栽培种不超过 50 袋。接种后菌袋摆放于室内架床上,培养架 6~7 层,层距 33 厘米,菌袋采取每 3 袋重叠摆列,每列菌袋间留 10 厘米通风路。每平方米架床可排放 180 袋。菌种培养温度控制在 23℃~25℃,培养 50~60 天,菌丝走至离袋底 1~2 厘米时正适龄,生活力强,即可用于栽培竹荪。原种接栽培种方法见图 4-15。

图 4-15　原种扩接栽培种方法

(八)菌种选育技术

1. 自然选育

自然选育又称人工选择,是有目的地选择竹荪自发产生的有益变异的过程,是获得优良菌种较为简单有效的方法。竹荪在野生或人工栽培条件下,都有不断产生变异的可能。生产上用的菌种虽然保藏在比较稳定(如低温下)的环境中,但仍能产生不同程度的变异,这类变异都属自发突变,即不经人工处理而自然发生的突变。变异有两种情况,即正向变异和负向变异,前者可提高产量,后者可导致菌种衰退和产量下降。为使菌种尽可能减少变异,保持相对稳定,以确保生产水平不下降,生产菌株经过一定时期的使用后,须选择感观性状良好的子实体,用组织分离或单孢分离的方法进行纯化,淘汰衰退的,保存优良的菌种。此即为菌株的自然选育。

2. 诱变育种

诱变育种是利用化学或物理因素处理竹荪的孢子群体或菌丝体,促使其中少数孢子或菌丝中的遗传物质的分子发生改变,从而引起遗传性改变,然后从群体中筛选出少数具有优良性状的菌株,这一过程就是诱变育种。诱变引起的变异常是突发性的,称为突变。突变可有利于产量的提高和品质的改善。常用的物理手段为各种射线,适合化学诱变的药剂为:亚硝酸、甲基磺酸乙酯、亚硝基胍、氯化锂、硫酸二乙酯等。

3. 杂交育种

杂交育种是指遗传性不同的生物体相交配或结合而产生杂种的过程。依人工控制与否,可分天然杂交和人工杂交;依杂交时通过性器官与否,可分有性杂交和无性杂交;依杂交亲本亲缘远近不同,可分远缘杂交(种间、属间杂交)和种内杂交。竹荪的杂交是指不同种或种内不同株菌系之间的交配,以后者更重要。

(九)竹荪菌种提纯复壮

食用菌的遗传稳定是相对的,变异性是绝对的,往往一个优良的菌种衰退转化就会成为劣质的品种。另外,菌种在分离保藏和生产过程中,极易造成杂菌污染,因而必须对菌种进行提纯和复壮。

1. 菌种提纯方法

(1)孢子稀释提纯法 在接种箱内,用经过灭菌的注射器,吸取5毫升的无菌水,注入盛有孢子的培养皿内,轻轻搅动,使孢子均匀地悬浮于水中,即成孢子悬浮液。再将注射器插上长针头,吸入孢子悬浮液,让针头朝上,静置几分钟,使饱满的孢子沉于注射器的下部,推去上部的悬浮液,吸入无菌水将孢子稀释。然后把装有培养基的试管棉塞拔松,针头从试管壁处插入,注入孢子悬浮液1～2滴,使其顺培养基斜面流下,再抽出针头,塞紧棉塞,转动试管,使孢子悬浮液均匀分布于培养基表面。接种后将试管移入恒温箱内培养,在25℃～26℃条件下培养15天,即可看到白色茸毛状的菌丝分布在培养基上面,待走满试管经检查后,即为继代母种。

(2)排除细菌或酵母菌污染 在菌种培养中,用肉眼仔细观察培养基表面,不难发现被细菌或酵母菌污染的分离物常出现黏稠状的菌落。取被纯化物接种在无冷凝水、硬度较高(琼脂用量2.3％～2.5％)的斜面上,再降低培养温度到15℃～20℃,利用竹荪在较低的温度下,菌丝生长速度比细菌蔓延速度快的特点,用尖细的接种针切割菌丝的前端,转接到新的试管斜面培养基中培养,连续2～3次就能获得所要的纯菌丝。也可打破试管,挑取内部长有基内菌丝的琼脂块,移入无冷凝水的培养基上。

(3) 排除霉菌污染 霉菌和细菌不同,它和竹荪菌丝很相似,也有气生菌丝和基内菌丝。分离的方法主要是抑制杂菌生长,拉大竹荪菌丝生长和杂菌菌丝生长的范围差,从竹荪菌落前端切割,移植入新培养基。杂菌发现越早,分离的成功率越大。严格地说,在斜面培养基上的非接种部位发现的白色菌丝,应认为是杂菌菌落,应马上提纯。若有色孢子出现,一方面易使分生孢子飘散,另一方面其基内菌丝早已蔓延,可能和竹荪菌丝混生一起。如霉菌刚出现孢子且尚未成熟、变色,则可采用前端菌丝切割法提纯。转管时先将菌丝接种在斜面尖端,当长满斜面后,及时将原接种点连同培养基一起挖掉;如霉菌菌落颜色已深,说明孢子已成熟,稍振动孢子就会飘满培养基,若再行上法意义不大;如菌丝蔓延范围较大,可将 0.2% 升汞或 1% 多菌灵处理过的湿滤纸块覆盖在霉菌的菌落上,可抑制霉菌生长,防止孢子扩散,后用灭菌接种铲将表层铲掉,随之用接种针钩取基内菌丝移入新的培养基,如此 2~3 次。

(4) 限制培养 取直径为 7~10 毫米,高为 4~6 毫米的玻璃或不锈钢环,经酒精灯火焰灼烧后趁势放到斜面培养基中央,将环的一半嵌入培养基内,然后将染有细菌的接种块放入环内进行培养。细菌生长会被限制在环内,而竹荪菌丝则可越过环而长到环外的培养基上,转管后即可得到纯化。

(5) 覆盖培养 在污染了细菌的竹荪菌丝斜面上倾注一层厚约 2 毫米的培养基中,培养一段时间后,当竹荪菌丝透过培养基形成新的菌落时,即可切割转管,最好进行二次覆盖。

(6) 基质菌丝纯化培养 对棉塞长有霉菌的试管斜面,可将试管打碎,取出培养基,用 0.1% 升汞浸泡 2 分钟,用无菌水淋洗,再用无菌纸吸干,取一段 2 厘米的培养基从中部切开,在断面上用无菌刀片切成米粒大小的块,移入新的斜面上进行培养。

2. 菌种复壮方法

菌种复壮的目的在于确保菌种优良性状和纯度,防止退化。复壮方式有以下几种。

(1)分离提纯 重新选育菌种,在原有优良菌株中,通过栽培出菇,然后对不同系的菌株进行对照,挑选性状稳定、没有变异比其他菌株强的,再次分离,使之继代。

(2)活化移植 菌种在保藏期间,通常每隔 3～4 个月要重新移植 1 次,并放在适宜的温度下培养 1 周,待菌丝基本布满斜面后,再用低温保藏,但应在培养基中添加磷酸二氢钾等盐类,起缓冲作用,使培养基 pH 值变化不大。

(3)更换养分 菌种对培养基的营养成分往往有喜新厌旧的现象,连续使用同一种木屑培养基,会引起菌种退化。因此,注意变换不同树种和不同配方比例的培养基,可增强菌种生活力,促进良种复壮。

(十)规范化接种操作技术规程

无论是母种、原种或栽培种,在整个接种过程都必须严格执行规范化操作技术规程。

1. 把握料温

原种和栽培种培养基经过高压蒸汽灭菌出锅,经过冷却后,一定要待料温降至 28℃ 以下时,方可转入接种工序,防止料温过高,烫伤菌种。

2. 环境消毒

接种前对接种箱(室)进行消毒净化,接种空间保持无菌状态。工作人员必须换好清洁衣服,用新洁尔灭溶液清洗菌种容器表面,同时洗手。然后将菌种带入接种室(箱)内,取少许药棉,蘸上 75%酒精擦拭双手及菌种容器表面、工作台面、接种工具。

3. 掌握瓶量

原种培养基一次搬进接种箱内的数量不宜太多,一般双人接种箱,一次装入量宜 80～100 瓶,带入相应数量的母种或原种,单人接种箱减半。如果装量过多,接种时间拖延,箱内温度、湿度会变化,不利于接种后的成品率。

4. 菌种净化

将待接种的培养基(如 PDA 培养基或原种培养基、栽培种培养基)放入接种箱内或室内架子上,用药物熏蒸,或采用紫外线灯灭菌 20～30 分钟,注意用报纸覆盖菌种,防止紫外线伤害菌种。

5. 控制火焰区

点燃酒精灯开始接种操作,酒精灯火焰周围 8～10 厘米半径范围内的空间为无菌区,接种操作必须靠近火焰区。菌种所暴露或通过的空间,必须是无菌区。

6. 缩短露空

接种提取菌种时,必须敏捷、迅速接入扩接的料瓶内,缩短菌种块在空间的暴露时间。

7. 防止烫菌

接种针灼烧后温度上升,不要急于钩取菌种,必须冷却后再取种,菌种出入试管口时,不要接触管壁或管口,过酒精灯火焰区时也不宜太慢,以防烫死菌种。

8. 扫尾清残

每次接种完毕,把菌种搬离箱(室)后,进行一次清除残留物,再消毒,以便再利用。

(十一)菌种培养管理关键技术

1. 检查观察

各级菌种在扩繁接种,转入培养管理后,第一关就检查杂菌。起检时间一般是接种后 3 天进行,以后每天 1 次。检查方法:用工作灯照射菌种瓶,认真观察接种块和培养基表面瓶内四周,有否出现黄、红、黑、绿等斑点或稀薄白色菌丝蔓延,稍有怀疑,宁严勿留。一经检查发现污染杂菌,立即隔离,作杜绝污染源处理。

2. 控制适温

菌种培养室应控制在 22℃～23℃为适。专业性的菌种厂必须安装空调机,以便调节适温,越冬升温采用室内安装暖气管,锅炉蒸汽管输入暖气片,使暖气管升温,这种加温设备很理想。采用空调机电力升温更好,一般菌种厂可在培养室内安装电炉或保温灯泡升温。注意瓶内菌温一般会比室温高 2℃～3℃,因此升温时,应掌握比适温调低 2℃～3℃为宜。随着菌丝生长发育进展,菌温也逐步上升。因此,在适温的基础上,每 5 天需降低 1℃,以利于菌种正常发育。

3. 干燥防潮

菌种培养是在固定容器内生长菌丝体,只要培养基内水分适宜,湿度控制比较容易。培养室内的空气相对湿度要求控制在 70％以下,目前依照自然条件即可。但在梅雨季节,要特别注意培养室的通风降湿。因为此时外界湿度大,容易使棉花塞受潮,引起杂菌污染。这个季节可在培养室内存放石灰粉吸潮,同时利用排风扇等通风除湿。若气温低时,可用加温除湿的办法,降低培养室内的湿度。

4. 排除废气

冬季煤炭加温时,要防止室内二氧化碳沉积伤害菌丝。在培养温度控制时,应注意通风透气。在菌种排列密集的培养室内,注意适当通风,培养室内上下各设若干窗口,便于冷热空气对流通风。窗口大小依菌种数量多少、房间大小而定。

5. 适度光照

竹荪菌种培养不需要光照,阳光照射会使基质水分蒸发,菌种干缩,引起菌种老化。为此,培养室门窗必须挂遮阳网,开窗通风时可避免阳光照射。

(十二)菌种质量检验

1. 优劣菌种标志

(1)优良菌种 菌丝色白,长势旺盛,雄壮均匀,无间断,气生菌丝浓密,尤其棘托长裙竹荪,气生菌丝呈扇形,丝条清晰,在试管内起卷状布满试管,在原种栽培瓶内,扇形气生菌丝爬壁力很强,菌丝不会变色。红托竹荪在试管中初期白色,受光照影响,菌丝会变红色。长裙竹荪多呈粉红色,间有紫色,短裙竹荪菌丝体呈紫色,在管或瓶中无间断,气生菌丝浓密。

(2)老化菌种 菌丝色泽乳黄、萎缩、消失、衰竭,线状菌索出现、稀疏无力、培养料与瓶壁形成脱离、瓶壁内出现水珠,表明培养料已收缩干涸。

(3)感染菌种 在培养基上明显看到黄、黑、绿等的点或块,即为杂菌污染,坚决淘汰。对前期受污染的原种或栽培种,虽经一般培养,竹荪菌丝可以覆盖料面,但也易于辨别,凡是此类菌种,菌丝较纤弱,木屑显露,菌丝形成条状,即菌索出现。凡是染杂的原种不宜取用,而栽培种可使用,但由于培养料受杂菌侵蚀,造成菌种先天不足,产量有影响,所以用种量要增加才能弥补。

2. 检验方法

菌种质量检验,掌握以下 5 个方面。

(1)**直接观察**　对引进的菌种,首先用肉眼观察包装是否合乎要求,即棉塞有无松动,试管、玻璃瓶或塑料袋有无破损,棉塞和管、瓶或袋中有无病虫侵染;菌丝色泽是否正常,有无发生老化;然后在瓶塞边做深吸气,闻其是否具该菌种特有的香味。

(2)**显微镜检查**　在载玻片上放少量蒸馏水,然后挑取少许菌丝置水滴上,盖好盖玻片,置于显微镜下观察。玻片也可通过普通染色进行镜检,若菌丝透明,呈分枝状,有横隔,锁状联合明显,则可认为是合格菌种。

(3)**观测菌丝长速**　将菌种接入新配制的试管斜面培养基上,置最适宜的温、湿度条件下进行培养。如果菌丝生长迅速,整齐浓密,健壮有力,则表明是优良菌种;若菌丝生长缓慢,或长速特快,稀疏无力,参差不齐,易于衰老,则表明是劣质菌种。

(4)**吃料能力鉴定**　将菌种接入最佳配方的培养料中,置适宜条件下培养,一周后观察菌丝的生长情况。如果菌种块能很快萌发,并迅速向四周和培养料中生长,则说明该菌种的吃料能力强;反之,则表明该菌种对培养料的适应能力差。对菌种吃料能力的测定,不仅用于对菌种本身的考核,而且可以作为对培养料选择的一种手段。

(5)**出菇试验**　经过以上几个方面的考核后,认为是优良菌种,则可进行扩大转管,然后取出一部分母种用于出菇试验,以鉴定菌种的实际生产能力。

3. 菌种污染的原因

在各级菌种生产的全过程中,常会发生杂菌污染。这是竹荪制种中的一大难题。因此,必须高度重视,严格无菌操作,注意每个操作环节,尽可能不受或少受杂菌污染,使菌种成品率提高。杂菌污染的原因大致有以下几个方面。

(1)培养基污染 组成培养基的各种原料,本身不同程度混有杂菌和杂菌孢子。如果消毒灭菌不彻底,培养5天左右,在培养基表面和内部就会同时发生杂菌。

(2)菌种本身污染 由于母种、原种、栽培种本身不纯,污染上杂菌。转接时会造成大批污染,而且杂菌由转接块上开始蔓延,这样的菌种坚决不能用。选择菌种要十分小心,有一点怀疑宁弃勿取。

(3)操作污染 在确认母种或原种纯度高,而且在培养基灭菌彻底的情况下,发现被转接的培养基表面(包括种块周围)出现杂菌污染时,说明接种室(箱)、用具、菌种瓶表面及操作人员的手和工作服等消毒处理得不好,或者违反了接种操作规程,要严格执行消毒灭菌程序,避免杂菌污染。

(4)环境污染 由于培养室消毒不彻底,或者菌种瓶棉塞潮湿,或者瓶口洗得不干净,常常造成培养后的杂菌污染,这种污染现象是菌丝体已经长满料面或长满瓶后,在培养料表面出现杂菌,会使接种后菌种发霉。

(十三)菌种保藏方法

1. 低温保藏

将母种先用蜡纸或牛皮纸包住管口,再用橡皮筋扎牢,置于4℃左右的电冰箱内存放,每隔3个月移植1次。

2. 液状石蜡保藏

在母种试管内灌入无菌液状石蜡,注入量以浸没斜面上方1厘米左右为宜,使菌丝与空气隔绝,降低生活力。然后在棉塞处包扎塑料薄膜,置放于室内干燥或低温保藏,一般可以保藏1～2年。

3. 改善环境

若原种或栽培种已成熟,因一时生产衔接不上,延长接种时间,应将菌种放于卫生、干燥、避光、阴凉的房间内,瓶或袋之间拉大距离,注意控温、通风、防潮。有条件的可放在空调房内,调到5℃保藏,防止菌丝老化。

五、竹荪农林下脚料栽培技术

(一)适宜栽培竹荪的农林下脚料

竹荪原野生于竹木林地上,如今已成为人工栽培的主要菌品之一。根据近年大面积生产实践证明,适合栽培竹荪的原材料有4大类:竹类、树木类、农作物秸秆类、野草类。栽培料要因地制宜,就地取材。选料时,原材料应新鲜,鲜料发酵升温快,发黑腐烂的料养分已失,影响产量,早购的培养料应妥善保管,防止高温遇雨自然发酵而烧料,降低培养料中的养分,任选一种或多种混合均可。

1. 竹 类

用于栽培竹荪的竹类,不论"大小、新旧、生死"竹子的根、茎、枝叶,以及竹制企业的下脚料竹屑、竹绒等均可利用。竹类品种繁多,常见毛竹、麻竹、墨竹、斑竹、水竹、龙竹、石竹、发竹、锦竹、罗汉竹、秀竹、月月竹、楠竹、平竹、兹竹、孟宗竹淡竹、绿竹、刚竹、黄竹、金竹、笔竹、凤尾竹、弓竹、萎竹、竿竹、紫竹等。经加工成竹屑、细小段均可作为培养料,其资源广泛,只要合理采伐,科学管理,仍取之不尽,用之不竭。

2. 秸 秆 类

除了稻草、麦秸外,其他均可作栽培竹荪的原料(因稻草、麦秸纤维较弱易烂)。常用的如棉花秆、棉籽壳、玉米秸、玉米芯、木薯秆、大豆秸、高粱秆、葵花秆、葵花籽壳、黄麻秆、花生茎、花生壳、谷壳、油菜秸以及甘蔗渣等,秸秆充分利用,变废为宝,零碳排放,大有作为,值得提倡。为便于栽培者选用,这里介绍主要几种秸秆的营养成分(表 5-1)。

表 5-1　适于栽培竹荪的农作物秸秆营养成分　(%)

名　称	粗蛋白质	粗脂肪	粗纤维	可溶性碳水化合物	粗灰分	钙	磷
大豆秸	13.5	2.4	28.7	34	7.6	1.4	0.36
玉米秸	3.4	0.8	33.4	42.7	8.4	0.39	微量
玉米芯	1.1	0.6	31.8	51.8	1.3	0.4	0.25
棉籽壳	17.6	8.8	26	29.6	6.1	0.53	0.53
棉花秆	4.9	0.7	41.4	33.6	3.8	0.07	0.01
高粱秆	3.2	0.5	33	48.1	4.6	—	—
甘蔗渣	2.54	11.6	48.1	48.7	0.72	—	—
葵花籽壳	5.29	2.96	49.8	9.14	1.9	1.17	0.07
花生壳	7.7	5.9	59.9	10.4	6.0	—	—

3. 野 草 类

常见的有皇竹草、类芦、芦苇、斑茅、五节芒等 10 多种。其中芦苇纤维细长,营养丰富,栽培竹荪现蕾快,产量高,是取之不尽的好原料。野草营养成分十分丰富,这里选择几种野草进行分析(表 5-2)。

表 5-2　几种野草营养成分分析　(%)

品　名	蛋白质	脂 肪	纤 维	灰 分	氮	磷	钾	钙	镁
皇竹草	18.46	1.74	25.26	9.91	0.68	0.15	0.11	0.67	0.12
类 芦	4.16	1.72	58.8	9.34	0.67	0.14	0.96	0.26	0.09
斑 茅	2.75	0.99	62.5	9.56	0.44	0.12	0.76	0.17	0.09
芦 苇	3.19	0.94	72.5	9.53	0.51	0.08	0.85	0.14	0.06
五节芒	3.56	1.44	55.1	9.42	0.57	0.08	0.90	0.30	0.10
菅	3.85	1.33	51.1	9.43	0.61	0.05	0.72	0.18	0.08

4. 树 木 类

适合栽培竹荪的树种,总的来说,除了含有杀菌和松脂酸、精油、醇、醚以及芳香性物质的树种,如松、杉、柏、樟、洋槐、夜恒树等不适用外,一般以材质坚实、边材发达的阔叶树,以及果树枝桠、桑枝等都适宜竹荪生理营养的需要。

(二)竹荪栽培原料处理

竹荪栽培的原料处理,要求做到两点:一切片,二建堆发酵。

1. 切　片

原料的切片,主要是破坏其整体,使植物活组织易死。经切片的原料,容易被竹荪菌丝分解吸收其养分。采用原料切碎机,把竹类或枝桠材切成 2～3 厘米长的薄片,农作物秸秆类、野草类切成段,一般竹荪培养料选用竹木制品企业的下脚料竹屑、竹绒、木屑,简单方便即可使用。

2. 建堆发酵

用作栽培竹荪的原料,不论是竹类或是树木类、野草和秸秆类,均要建堆发酵,根据原料粗硬确定建堆发酵时间。因为新鲜的竹、木类、棉籽壳等,本身含有生物碱,经过建堆发酵,料中温度有 60℃～70℃,使材质内活组织破坏、死亡,同时通过翻堆生物碱也得到挥发消退。一些栽培者由于建堆发酵这个环节没有做好,把新鲜的竹木切片后就用于栽培,结果菌丝定植差或无法定植,主要是生物碱起阻碍菌丝生长的结果。

(三)竹荪培养料配方

栽培竹荪的原料,无论是竹类、木类、草类、秸秆类,单一原料或多种混合料都可以,但以两种混合为主,竹木混合料生长时间长,产量高,秸秆、野草类混合料易被竹荪菌丝分解腐烂生长时间短,出菇早,但产量不如竹木。因此,配料时注意:"竹木草三结合,粗细长短搭配好"。常用配方有以下几组。

配方1:杂木屑50%、竹类40%、豆秸或芦苇8.9%、尿素0.7%、轻质碳酸钙0.4%。

配方2:竹类50%、杂木屑30%、芦苇18.9%、尿素0.7%、轻质碳酸钙0.4%。

配方3:芦苇50%、杂木屑35%、竹类13.9%、尿素0.7%、轻质碳酸钙0.4%。

配方4:甘蔗渣50%、竹类或花生壳25%、杂木屑14%、豆秸9.9%、尿素0.7%、轻质碳酸钙0.4%。

配方5:棉籽壳40%、棉花秆或高粱秆40%、豆秸或玉米芯18.9%、尿素0.7%、轻质碳酸钙0.4%。

配方6:皇竹草40%、杂木屑35%、竹类23.9%、尿素0.7%、轻质碳酸钙0.4%。

配方7:葵花籽壳45%、玉米芯25%、棉花秆或葵花秆28.9%、尿素0.7%、轻质碳酸钙0.4%。

配方8:黄麻秆35%、黄豆秸25%、杂木屑20%、花生壳18.9%、尿素0.7%、轻质碳酸钙0.4%。

配方9:种过菇耳的菌糠50%、杂木屑38%、豆秸10%、过磷酸钙0.9%、尿素0.7%、轻质碳酸钙0.4%。

配方10:油菜秸60%、花生壳20%、果树枝桠10%、棉籽壳8.9%、尿素0.7%、轻质碳酸钙0.4%。

配方11:谷壳40%、杂木屑40%、花生壳18.9%、尿素0.7%、轻质碳酸钙0.4%。

配方12:杂木屑98.7%,另加尿素0.7%、复合肥0.2%、轻质碳酸钙 0.4%；或竹屑 98.7%，另加尿素 0.7%、复合肥 0.2%、轻质碳酸钙 0.4%。

(四)竹荪栽培季节安排

竹荪栽培一般分春、秋两季。以春季栽培为主，秋季大田栽培易受温度、干湿度影响，产量不如春季。我国南北气温不同，具体安排种植时，必须以竹荪菌丝生长和子实体发育所要求的温度为依据。通常掌握气温稳定在 5℃～30℃，均可播种栽培，具体掌握两点：一是播种期气温不超过 28℃，播种后适于菌丝生长发育；二是播种后 2 个月菌蕾发育期气温不低于 16℃，使菌蕾健康生长成子实体。

野外栽培应以自然气温来确定。南方诸省通常春播气温稳定在 5℃开始，1～4 月份均可，此时气温适宜菌丝生长，当年 5～6 月份长菇采收，秋季 7 月初播种，9～10 月份长菇采收。

竹荪栽培的季节，受温度影响较大，而各地海拔的高低又与温度密切相关，所以对菌种也有严格的选择。一般而言，播种期，短裙红托竹荪 3～4 月份和 9～10 月份为宜；长裙竹荪 4～5 月份和 9～10 月份为好；棘托竹荪在 1～4 月份为适，南方低海拔地区可提前至 1 月份播种，4～10 月份长菇，北方高寒地区 4 月份解冻后，5 月份播种，7～9 月份出菇。这样，才能达到当年收成见效益。从事竹荪栽培单位和个人，最好能有一份本地近年来的气象资料，选择各个菌株菌丝生长最适温度的前 1 个月播种，使菌丝吃料后正好赶上最适温度的月份，还要提前 2 个月准备好栽培的原材料。

(五)培养料建堆发酵技术

1. 建堆发酵作用

(1)积累营养源　培养料发酵过程中,有益微生物如高温细菌、放线菌(*Thermoactinomyces Uulgaris*),又称嗜热放线菌、丝状真菌,将可溶性糖、氨基酸等容易利用的碳水化合物消耗掉,一部分转化成菌体蛋白,菌体蛋白是菇类培养料中的优良营养源。此外,堆料中的铵态氮由细菌吸收利用,进而转化为菌体蛋白质化合物,形成富含氮素的木质素——腐殖质复合体。竹荪含有特殊的酶,如多酚氧化酶,能分解这种复合体,并使这些化合物中的氮游离出来。新鲜的竹、木屑本身含有生物碱,经过发酵使原料中的活组织破坏、死亡,通过翻堆挥发消退。

(2)同化营造养分　高温细菌不分解纤维素,但其分泌物可以促进分解纤维素的高温放线菌的生育。而放线菌的分泌物能促进细菌的生育繁殖的细胞,能合成多糖类的物质,这使竹荪菌丝细胞对多糖类物质更容易被同化吸收。在高温放线菌和细菌充分繁殖过程中的培养料中,更有利于竹荪菌丝的良好生长。

(3)杀灭病虫害　建堆发酵过程,在高温条件下,靠嗜热微生物的作用,对原料的螨虫、线虫、胡桃肉状菌、黄霉及其他杂菌,进行彻底杀灭,有效避免播种后杂菌和害虫的侵袭。

(4)有利提高产量　通过建堆发酵积累营养源,利用有益微生物互相同化合成有益物质,靠高温微生物杀灭各种杂菌,优化了培养料质量。发酵目的一方面是增加培养料的含氮量,使培养料变软、腐熟,有利于菌丝降解,促进菌丝体的生长,为培育粗壮菌丝的基础;另一方面是消除杂菌。因此,采用堆料发酵处理,是竹荪增产的关键步骤。

2. 具体操作方法

(1)**场地准备**　选在栽培地中发酵,一般每 667 米² 用培养料 5 000～7 000 千克或 13～16 米³,堆成高约 1.5 米、长 4～5 米、宽 3～4 米的梯形。发酵地块既要有水源,又不能有积水。

(2)**原料制备**　原料以竹木企业下脚料的竹绒以及杂木屑、黄豆秸、芦苇及其他野草为主。每 667 米² 备料量为竹绒 5 000 千克,杂木屑 2 000 千克,尿素 50 千克,轻质碳酸钙 25 千克。

(3)**发酵时间**　按照竹荪播种期,由于竹木和秸秆粗细不同,竹木提前 45～55 天进行堆料发酵,而农作物秸秆、芦苇、野草等提前 25 天进行,混合发酵,使培养料与播种时期相衔接,确保培养料质量。如果太早堆料发酵,竹荪栽培季节没到,会使培养料发酵腐熟过度,基质营养受破坏;如果太迟建堆发酵,培养料腐熟度不到位,也影响播种后竹荪菌丝吸收程度。

(4)**建堆方法**　种植前 45～55 天,开始建堆发酵,操作时,一层培养料约 20 厘米,撒上尿素、轻质碳酸钙,边浇清水边翻动培养料,头几层,用水不宜多,随着层数增加上层水渗透,料水比为 1∶1.1,保持培养料含水量 60％左右,用手捏能成团,指缝有水而不滴水,堆旁挖穴,收集渗透出来的水再利用,再加原料,撒上尿素、轻质碳酸钙、清水,如此反复,使料堆呈梯形,高 1.4～1.5 米再稍踩实,再盖稻草发酵。

(5)**翻堆要求**　堆后 20 天翻堆,利用晴天的上午 9 时后,温度较高,此时翻堆热量散失少,有利于培养料再次升温发酵;翻堆时,料中温度有 60℃～70℃,冒热气,脚有发烫的感觉;原则上是内外料对调,并根据培养料干湿加水,保持培养料含水量 60% 左右;间隔 15 天翻堆 1 次,均匀翻堆 3 次;根据料的粗细确定发酵时间,翻堆的过程也是排废气补充氧气的过程,直至堆料颜色呈褐色、有香味。

(六)野外栽培畦床整理与铺料播种

1. 场地选择整理

(1)交通便利 栽培竹荪所需的竹、木屑、芦苇等材料,量多质重,选择交通便利的田块,节省搬运成本。

(2)土壤肥沃 土层厚腐殖质含量高,疏松透气,保水性能好的土壤,易生长各种肥壮杂草的田块。

(3)防旱防涝 旱能灌,涝能排,保持覆土、沟土湿润。

(4)不宜连作 竹荪种植必须间隔 2 年以上,特别是上一年及周边未种植;竹荪种植应从低往高的田块转移,避免交叉感染,降低产量;主产区随着种植年限的增加,产量会逐年下降。

(5)旱地不宜种 上年种过地瓜、玉米等喜肥旱作物的田块,缺肥、虫害多;细沙为主的田块,保水性差,易受旱,不理想。

(6)果、竹林地套种 应选择背阴山凹,可充分利用树叶遮荫,遇多雨年份产量较高,干旱则相反,但交通方便很重要,可减轻劳动强度。

(7)场地整理 培养料发酵后,把田中的稻草整理在四周的田埂上,用劈草机劈除稻桩,种植前 10~15 天,遇雨天,按每 667 米² 面积均匀施尿素 20 千克、过磷酸钙 50 千克或均匀施尿素 35 千克,过磷酸钙 100 千克,再用微耕机翻土整平暴晒、杀菌,风化疏松土壤。

(8)畦沟宽 畦床宽 70~75 厘米,沟宽 25 厘米。料少畦宽

70厘米,料多畦宽75厘米,畦长、排水沟根据田块实际确定。

2. 铺料播种

(1)铺料 将发酵料铺成龟背式菌床,料高为20～25厘米。畦每平米用料11～12千克。并检查培养料中是否有氨气,如有氨气,为防烧菌种应晾料3～4天再播种,同时选择阴、小雨天晾料,防止大雨冲刷培养料中的养分,最好是边晾边播种,料干需浇水,使之含水量达60%。

(2)播种 采用"一"字形条播法,菌种掰成块状,头尾菌种插花播,有利于菌丝萌发,每袋(约0.5千克)可播1.1～1.2米,菌种表面再用培养料盖1～2厘米及每667米² 用麦麸50千克,将土培于菌床两侧,覆土稍碎轻盖,土厚4～7厘米(料多6厘米,料少4厘米),呈龟背形。竹荪覆土机理跟蘑菇一样,是在土层中形成菌蕾,覆土不但起着改变培养基水分和通气的作用,而且土层中各种微生物的活动,也有利于子实体的生长。但土质好坏,与竹荪菌丝生长、菌索形成、出蕾快慢、产量高低,均有直接关系。实践表明,腐殖土出菇最快,产量最高,塘泥土较差,黄壤土最差。为此,覆土的土质要求既要肥沃,又要疏松透气,保水性能好。用稻田表土作覆盖土时,覆土不宜过厚,太厚会造成出菇推迟;覆土太薄,菌索根基不牢,子实体易于倾斜。

3. 遮草盖膜

覆土后畦面用稻草覆盖1～2厘米,不要太厚,遮住表土即可,3～5天后稻草吸湿变软;同时,也是防止烧菌措施;再盖地膜,早春温度低,地膜起着保湿保温作用,有利于菌丝生长,并可防鼠为害,这是提前采摘竹荪抢占市场的关键之一。

4."三增加,建堆发酵"核心技术

顺昌县大历竹荪研究所的科技人员,经过多年的实践,栽培技术不断创新,研发了一套竹荪大田高产栽培的新技术,具体如下。

(1)增加用料量 每 667 米² 用培养料 15～17 米³,由原来 10 米³ 增加 50%,播种前 45～55 天进行建堆发酵。

(2)增加菌种用量 每 667 米² 菌种用量由原 350 袋增加到 550～600 袋(500 克/袋)。

(3)增加氮肥 尿素使用量占培养料的 0.7%,同时在栽培前 15 天,遇雨天,每 667 米² 均匀撒施尿素 20 千克、过磷酸钙 50 千克,提高栽培地表土的养分。

(4)建堆发酵 通过建堆发酵,将复杂的碳水化合物降解、腐熟,菌丝容易吸收利用的营养物质。

这种"三增加,建堆发酵"技术,每 667 米² 竹荪均产由原来干品 45 千克,提高到 100 千克,高产的达 170 千克,近年来竹荪均售价 130 元/千克,其产值达 1.3 万元,扣成本外比原来(667 米²)增收 3 000～4 000 元,经济效益显著。

此项研究成果,2009 年 3 月 15 日,经南平市科技局组织福建省农林大学谢宝贵教授等专家组评审认定,比传统种植翻 1 番,其技术达国内先进水平,获南平市科技进步三等奖。

(七)发菌培养管理技术

竹荪野外栽培,因受自然气候影响,温、湿度随着季节而变化。因此,管理工作很重要,具体应抓好以下几项关键技术。

1. 检查定植

播种 15 天左右,可抽样检查菌种的萌发和吃料情况。正常菌种块呈现白色茸毛状,菌丝已萌发 0.2～0.3 厘米。建堆发酵地块的菌种更要检查,如果菌种块变黑,闻有臭味,说明菌种已霉烂,查找原因及时补播菌种,确保菌种的成活率,并防鼠害。菌丝生长阶段,一般不要轻易翻动基料、覆土及覆盖物,以免扯断菌丝,毁坏菌索与原基,而影响竹荪生长。

2. 通风换气

菌丝生长过程也是分解培养料,需吸收氧气排除二氧化碳。因此,应不定期揭膜通风换气,使畦床内空气新鲜;否则,畦床罩膜内二氧化碳浓度过高,引起菌丝枯萎变黄、衰竭,影响菌丝正常生长,通风一天再覆盖。低温期选择晴天揭膜通风,减少通风量。

3. 保持湿度

竹荪既不耐水也不耐旱,防止雨天畦沟积水缺氧,菌丝窒息死亡,天晴干旱菌丝萎缩,菌丝发育期由于培养基内固有的含水量,加上春季雨水多,足够菌丝生长所需,所以一般不必喷水。畦床薄膜内相对湿度保持85%,即盖膜内呈现雾状,并挂满水珠为适。若气候干燥或温度偏高,表面覆盖物干燥或覆土发白,常常因培养基干燥而影响菌丝萌发生长。为了保持基质含水量60%,覆土含水量25%,需补充水分,做到天晴畦沟保持浅度的蓄水,但不得高于培养料底部,若高于则过湿,易导致菌丝窒息死亡;雨天排干畦沟水,保持覆土、沟土湿润,并结合通风换气,选择雨天掀膜,使表土湿透,再覆盖地膜,一举两得。

4. 控温发菌

竹荪品种温型不同,发菌期温度要求不同。中温型的长裙、短裙及红托竹荪,以15℃～23℃较为适;高温型棘托竹荪,以16℃～25℃最适。连续晴天,温度超过26℃,可通过掀、盖薄膜调整畦床温度,同时也是通风换气。若温度低于20℃,除了透气保湿外,盖好地膜,防雨保温,有利于菌丝生长。覆土层布满菌丝,掀膜由畦草保湿。秋末播种气温低,可采取罩紧盖膜,并缩短通风时间,促进菌丝加快发育。

5. 播后成活率低的补救措施

　　野外栽培竹荪,常出现播种后成活率低,直接影响菇农种植效益,成为竹荪栽培中的一个难题。经过多年的摸索实践,找出了播后成活率低的原因及补救措施。

　　(1)播种菌块过小　竹荪菌丝体白色、线状、粗壮、菌丝有横隔、呈管状,有锁状联合,播种损伤后会变红。如果在播种时,种块过小或弄碎了,线状菌线破坏严重,造成播下去的菌种生长缓慢。

　　竹荪大田栽培播种时,种块尽量成块完整,用鸡蛋大的菌块,一般菌种采用"一"字形播种法,菌种量 $1.1 \sim 1.2$ 袋/米(每袋重约 0.5 千克)为宜,每 667 米^2 用菌量 600 袋,促使加快萌发定植。

　　(2)原料处理欠妥　常因原料没发酵就用于栽培。竹屑、木屑本身含有生物碱,会阻碍菌丝生长,造成菌丝定植差,影响了播种的成活率。

　　用作栽培竹荪的原料,不论是竹屑或是木屑、谷壳、野草及农作物秸秆均应建堆发酵,经过发酵使原料内活组织细胞破坏、死亡,生物碱挥发散失。原料采取发酵培养放线菌来抑制杂菌,消灭害虫,通过翻堆排出废气,并增加培养料中活性有益气体,从而防止杂菌繁殖,避免培养料霉变,减少污染。

　　(3)基料含水量偏低　干旱常使培养料含水量偏低,影响菌种萌发定植。采取人工浇水确保培养料含水量要达到60%左右,覆土含水量 25%。

　　(4)发菌温度超标　竹荪播种时的温度,要根据季节的变化进行控制。常因播种季节延误,进入高温期,或是播种后气温突升,超过菌丝生长极限温标,致使发生烧菌,菌种失去活力不萌发。因此,播种宜于 2～4 月份进行,播种后覆土,畦床铺稻草遮荫,温度超过 26℃ 时,通过掀、盖薄膜调整畦床温度,畦沟内浅度蓄水。

(5)料中氨重烧菌 由于培养料中氨气重烧菌,发酵时尿素用量过多,晾料不到位造成,特别是建堆发酵地块的菌种更要检查,如发现块状菌种变黑,闻有臭味,应查明原因及时补播,确保菌种的成活率。

(八)菌蕾发育期管理技术

菌丝经过培养不断增殖,吸收大量养分后形成索状,称为菌索,并爬上畦面,由营养生长转入生殖生长。此时在菌索尖端开始扭结白色米粒状的小菌粒,称为原基,很快分化成菌蕾,菌蕾由米粒大,逐步长成乒乓球、小皮球大;出菇期培养基含水量以 60% 为适,覆土含水量 25%,注意保持空气相对湿度。根据菌蕾生长不同阶段,采取不同形式,菌蕾发育期正遇上南方雨季,可以利用雨水来调节干湿度。

1. 畦床除草

畦草不必过早清除,畦面发现菇蕾有中指大小时或干旱温度稳定在 26℃、菌丝爬上畦面时,可用草甘膦或农达除草剂按说明书的倍数除草,不宜人工拔除杂草,防止菌丝封固的表土松动,而破坏菌丝的正常生长。

2. 搭棚遮荫

菌蕾由小到大长成球状时,水分要求逐日增多,保持相对湿度不低于 90%。菇棚遮荫,畦床喷除草剂后,杂草褪色即可遮荫,盖芦苇(遮阳网),达"八分阴,二分阳",温度超过

35℃加厚遮阳物,有利于竹荪生长。

3. 感观测定

畦床上的覆土含水量 25%,湿度适宜,菌蕾加快生长;湿度不够,覆土干燥,菌蕾生长缓慢,表面龟裂纹显露。如果畦内基料水分不足,会出现萎蕾,就要人工浇水、喷水,使覆土湿透;湿度偏高时可排干沟水。出菇期南方正值雨季,湿度、温度均有利出荪。出菇阶段主要做好场地的防雨、保湿,土壤湿度一般控制在保持覆土、沟土湿润,手捏土能扁为度,若出现有鼻涕虫,可利用阴天夜间人工捕捉消除。竹荪菌蕾生长发育期管理极为重要,这里介绍竹荪由原基发生至子实体形成阶段管理技术日程表(表 5-3),供栽培者在实践中对照。

表 5-3　竹荪子实体生长阶段管理技术日程表

| 培育时间（天） | 生长状况 | 作业要点 | 环境要求 | | | 注意事项 |
			最适温度（℃）	相对湿度（%）	荫棚光照	
1～3	菌索尖端现米粒状白色原基	不定期通风;喷头朝上,雾状喷水 1 次,遮膜防大雨	22～25	80～83	四阳六阴	保持空气新鲜,防止二氧化碳沉积,阻碍原基分化
4～7	菌蕾卫生丸大,呈白色,有刺毛	直接向畦床轻喷水,喷量稀薄、均匀	23～26	85	四阳六阴	观察、控制萎蕾、烂蕾
8～12	菌蕾乒乓球大,呈棕褐色,棘毛消失	勤喷,朝上向下巡回喷水	23～26	85～90	二阳八阴	菇场空气流畅,畦床保湿

培育时间（天）	生长状况	作业要点	环境要求			注意事项
			最适温度（℃）	相对湿度（%）	荫棚光照	
13～16	菌体由鸡蛋大进入直径4～5厘米，表面龟裂	结合通风换气，喷水1次	23～26	90	二阳八阴	干旱时，畦沟浅度灌水增湿，调节光源
17～20	菌体直径5～9厘米，尖端凸起，破口抽柄散裙	结合采收通风换气，喷水	25～28	95	一阳九阴	气温超过35℃时，加盖荫棚，喷雾降温
21～23	蕾尖破口，上午6～11时抽柄散裙	不定期重喷，促进加快抽柄散裙，采后清理残根	25～28	95	一阳九阴	防止高温，保持湿度，场内空气流畅

注：上述管理日程为高温型棘托长裙竹荪品种

（九）抽柄散裙期管理技术

竹荪菌蕾膨大逐渐出现顶端凸起，在短时间内破口抽柄散裙。通常菌蕾从早上6时开始破口，迅速进入抽柄散裙，到中午11时前采收结束。此阶段水分要求较高，不定期喷水，增加喷水量，使之上下湿度增大，要求不低于95%。此阶段水分不足，抽柄缓慢，时间拖延，而且菌裙悬于柄边，久久难垂,甚至粘连。抽柄散裙期具体掌握好以下 4 点。

1. 科学喷水

要求"四看",即一看表面覆盖物,芦苇或稻草变干时,就要喷水。二看覆土,覆土发白,要多喷、勤喷。三看菌蕾,菌蕾小,轻喷、喷雾;菌蕾大多喷、重喷,但不能朝菌蕾直喷;四看天气,晴天干燥蒸发量大,多喷;阴雨天不喷,这样才能确保长好蕾,出好菇,朵形美。

2. 创造最佳温度

竹荪品种温型不同,出菇中心温度也有别,应根据种性要求,创造最佳温度。

红托竹荪、长裙竹荪、短裙竹荪均属中温型品种,出菇中心温度 20℃～25℃,最高不超过 30℃。其自然气温出菇期只能在春季至夏初或秋季,春季气温低,又常有寒流,可采取紧罩地膜,增加地温;间隔覆盖荫棚遮阳物,引光增温;缩短通风时间,减少通风量,人工创造一种适宜的温度,使菌蕾顺利形成子实体。

棘托长裙竹荪属于高温型,出菇中心温度 23℃～28℃最佳,且性急,出菇甚猛,菇潮集中。春季播种覆土后,现蕾搭荫棚盖芦苇,露天培养,在适宜的气候条件下,从菌蕾形成至子实体成熟只需 20～25 天,其自然出菇期均在 5～9 月份高温季节,如果气温高于 35℃时,畦床内水分大量蒸发,湿度下降,菌裙黏结不易下垂,或托膜增厚破口抽柄困难,必须采取荫棚上加厚遮盖物,或用 90％密度的遮阳网遮荫,创造"一阳九阴"条件,不定期喷水,畦沟浅度蓄水,降低地温保湿。

3. 掀膜通风换气

从竹荪菌蕾生长到子实体形成,需要充足的氧气,若二氧化碳浓度高,子实体会变成鹿角状畸形。为此,出菇期加强通风。春季温度在 18℃ 以上,覆土层布满菌丝,一般不需再覆盖薄膜。二潮现蕾时,常遇大雨,特别是菇蕾黄豆大小时遇大雨及时盖膜,其他情况一般不需盖膜防高温浇蕾。

不少栽培场出现畦床长蕾少,畦旁两边长蕾多。主要原因是畦床覆土厚,而且土质透气性不好,或由于喷水过急覆土表层板结,这些都会导致畦中培养料缺氧,菌丝分解养分能力弱,菌索难以形成原基,所以现蕾稀而少,甚至不见蕾。发现这些现象可在畦中等距离打洞,使氧气透进培养料,同时打洞也有利于喷水时水分渗透吸收,使菌丝生长发育旺盛,有利于菌蕾生长焕发。

4. 适当调节光源

从菌蕾到子实体成熟,生长阶段不同,自然气温也有变化,必须因地、因时调节光照。幼蕾期或春季气温低时,荫棚上遮盖物应稀,形成"四阳六阴",让阳光散射场内,增加温度。菌蕾生长期或气温略高、日照短的山区,荫棚应调节为"三阳七阴",日照长的平原地区为"二阳八阴"。子实体形成期阴多阳少,适合散裙,也减少水分蒸发,避免基料干涸。

六、竹荪多种形式栽培技术

（一）室内架层箱筐栽培

竹荪室内栽培采用发酵料，架床栽培和箱筐栽培，具体方法如下。

1. 室内架床栽培法

(1) 菇房条件　普通民房或搭盖简易菇房均可。要求坐北朝南，通风良好，冬暖夏凉，保温、保湿性能好。

(2) 床架设置　床架一般用木架，分四层（不包括地面的一层），如果是专用菇房，层数视房间高度而定。菇床长度可依场地而定，床宽 80～90 厘米，层间距至少 40 厘米。架床底铺垫木条或竹子，四周框围高 25 厘米左右。床架建成后，用石灰水或波尔多液喷雾，杀灭杂菌，又可使材料经久耐用。

(3) 铺料播种　架床底铺好塑料薄膜后，打几个小洞，以利于排水。铺料播种时，先在架床上铺入一层厚 5 厘米的腐殖质肥土，培养料铺排于架床内，料厚度 5～6 厘米，然后播块状竹荪菌种，点播或品字形播均可。再以同样方法铺上第二层培养料，播入菌种。第二层的料与种的用量，要比第一层多 1 倍。最后一层培养料，只需盖住菌种即可。用料量 16～18 千克/米²，菌种 2～3 瓶。播种后盖稻草，保温、保湿发菌，菌丝布满培养料时，再进行覆土。

(4) 出菇管理　菌丝生长阶段温度控制在 20℃～25℃为宜，低于 10℃或高于 30℃要采用升温或降温的措施。其他管理方法参考野外栽培,但不同之处是室内通风条件差,必须加强通风换气。长菇期注意适度喷水,保持空气相对湿度85%~95%,并适度引进光源,促使子实体正常分化。

2. 室内箱筐栽培法

室内栽培竹荪,还可以采用箱筐栽培。培养箱可用塑料箱或木板箱,也可利用商品包装的木箱、竹筐。规格一般以50厘米×35厘米×25厘米(长×宽×高)为好。箱底打几个排水孔,箱内铺薄膜,并打几个小洞,以利于排水。然后铺一层肥土,厚5厘米左右,随即铺入培养料7~10厘米,播上菌种。再以同样的方法铺料播种,最后撒上一层薄料,播种量为每平方米2~3瓶菌种。待菌丝长满培养料,即可盖上一层厚约4厘米的覆土,不定期浇水保持湿润。低温干燥的秋天播种时,箱面应覆盖薄膜保湿,每天掀开薄膜通风换气1~2次。箱子可以放在室内架上或室外荫棚下,根据气候和菇房条件自行选择,管理时要注意保温、保湿。温度依品种,红托竹荪20℃~25℃,棘托长裙竹荪23℃~28℃为适。培养料干燥及时喷雾,水质要清洁,并防鼠为害。覆土后60天左右就可长出竹荪。

(二)农作物壳类仿生栽培

以谷壳、花生壳为原料,野外免棚仿原生态栽培竹荪,福建古田县丁湖广,2003年在湖北省广水市吉阳食品公司生产示范基地试验成功,召开现场会,《湖北科技报》报道《谷壳、花生壳变成"真菌皇后"》。主要技术如下。

1. 选地整畦

仿原生态栽培场地,应选土质疏松肥沃,腐殖质含量高、透气性好、土壤不板结的田块。2月底前翻土晒白,按坐北朝南方向开畦,使阳光从畦沟直射。整地时按每隔1米划线,其中畦宽70厘米,沟宽30厘米;开挖时用洋镐整理70厘米的床位,挖30厘米宽,5厘米深的土层,把挖出的泥土往左边30厘米的沟位上堆放;另一床挖土时,同样将挖出的泥土,向右边沟位上堆放。这些沟上的堆土,供播种时作为表层覆土用。

2. 原料配比

谷壳50%、花生壳50%;或花生壳50%,谷壳30%,油菜秸或玉米芯20%;也可按谷壳40%、花生壳30%、竹料或木制品下脚料30%;或谷壳50%、芦苇或玉米秸20%、废竹材30%。配料掌握原料基质紧与松结合,硬与软搭配,所有原料都要晒干,花生壳必须碾压。提前1个月把培养料堆放于畦床上,让日晒雨淋,或提前15～20天集堆发酵,这样更有利于菌丝吸收。

3. 栽培季节

3月下旬堆料播种,南方低海拔地区可提前到2月份播种,高海拔山区及北方地区,延迟至4月中下旬播种,从播种至出菇一般60～70天。

4. 堆料播种

采取二层料、一层菌种播种法。先将原料混合,加水量按料水比为1:1.1,以用手捏培养料无水滴出,手指缝间有水可见为宜,集成料堆,让水分渗透原料基质,7～10天后打开散热排气,含水量调至60%～65%。堆料时,先将培养料堆进畦床上,形成下大上小料垄。播种时,先在料垄中把料挖向两边,形成垄沟;再将菌种分成3厘米×3厘米块状,播放于垄沟内,顺手把两边料合拢,使菌种处于料中吻合。用料18～20千克/米²,菌种2～3瓶,最后将畦沟上的碎土,覆盖料面,覆土厚度 3～4 厘米。5 天后用稻草、玉米秆或芒箕等盖面，防止雨水冲刷表土，亦起遮荫作用。同时，在畦床下旁，按间距 2 米套种 1 穴玉米，中间再套种 2 株大豆或辣椒，用以遮荫。

5. 出菇管理

仿原生态栽培竹荪，其出菇主要靠培养料内养分、水分及自然环境生长。播种后由于春季雨水多，要注意开沟排水，防止积水侵害菌丝。发菌期有时黑色烟霉菌从畦旁土缝中出现，危害部位可撒施碳酸氢铵杀灭。正常温度下经过 50 天后培养，菌丝形成菌索，爬上土层，很快出现菇蕾，逐步长大形成菌球，形成子实体，并出现顶端突起，在短时间内破口抽柄、散裙。若气温过高时，可在畦床上方用 95％ 密度的遮阳网遮光防热，出菇期覆土含水量 25％。菌球生长期，除阴雨天外，每天上午用喷雾器喷水 1 次，保持相对湿度不低于 90％。竹荪长菇期处于气温较高季节，且常遇干旱，要注意水分管理。干旱天采取傍晚灌水，土壤吸湿排干，保留沟底浅度蓄水。平常喷水时掌握覆土发白，要多喷、勤喷；菌蕾小、轻喷、喷雾，菌蕾大多喷、重喷；晴天、干燥天蒸发量大，多喷，阴雨天不喷，使子实体在适宜的湿度下正常生长。

（三）竹林下无料栽培

选择半阴山砍伐 2 年以上的毛竹蔸，在其旁边上坡方向，挖一个穴位，大小 10～15 厘米宽、深 20～25 厘米，穴位填入腐竹叶，厚 5 厘米。播一层竹荪菌种后，再填一层腐竹叶 10 厘米厚，再播种一层菌种，照此填播 2～3 层。最后用腐竹叶和挖出来的土壤覆盖 3～4 厘米厚，上盖杂草、枝叶遮荫挡风，保湿保温。播种时,注意下层少播,上层多播,使菌丝恢复后更好地利用林中的死竹鞭。也可以采取在竹林里从高向低,每隔 25～30 厘米挖一条小沟,深 7～10 厘米,沟底垫上少许腐竹或竹鞭,播上菌种,然后覆土。一般每 667 米² 的毛竹林有竹蔸 50～80 个,占竹林面积 10%,有碍新鞭生长,挖蔸花工费钱,留住又难腐烂,利用竹林地栽培竹荪,可以促使竹蔸分解,两全其美。

选择山坡 25°以下的林地栽培竹荪,完全靠自然环境条件。春季 3～4 月份播种为宜,此时春回大地,温度、湿度适宜生长。秋播因气温逐渐下降,菌丝越冬受到影响,较为不利。林地栽培竹荪,水管极为重要。竹荪不耐旱,也不耐渍。干旱时要浇水保湿,培养基以不低于 60% 为好。冬季每隔 15～20 天浇水 1 次,夏季雨水多,防止冲散表面盖叶层。土壤含水量要保持 25%。检验方法:抓一把土壤,捏之能成团,放之会松散,其水分含量恰好,严防人、畜、兽踩踏翻动。发现覆土被水冲变薄料露面时,应补充覆土。每年都必须砍伐一定数量的竹子,增加竹鞭腐殖质,使菌丝每年均有新的营养源,每年冬季必须清理 1 次,除掉杂草,疏松土壤,使菌丝得到一定的氧气,有利于菌丝正常发生。

(四)作物套种栽培

1. 葡萄园地套栽竹荪

利用葡萄荫棚地面栽培竹荪,可节省野外栽培竹荪搭棚的投资,为集约化经营,开辟庭园经济和加快发展竹荪生产提供了广阔的场地。贵州省农业科学院做了试验研究,取得满意效果。

(1)培养料配方　小树枝 60%、竹屑 15%、黄豆秸 15%、菜籽秸 5%、玉米芯 4%、过磷酸钙 1%，堆料发酵 25 天(按 6、5、5、5 翻堆)，料水比为 1:1.3。

(2)园间整理　葡萄树荫棚宽 3 米，每棚栽培两畦，畦宽 80 厘米，畦间留 40 厘米走道。

(3)铺料播种　4 月上旬播种，采取三层料二层菌种，覆土 4 厘米，上面盖杂草厚 3 厘米。用料 18 千克/米^2，菌种 5 瓶。菌种分别采用棘托长裙竹荪、短裙竹荪、红托竹荪和长裙竹荪 4 个品种。

(4)出菇管理　竹荪出菇管理按常规，不同品种表现见表 6-1。

表 6-1　不同竹荪品种的菌丝长势及产量

竹荪品种	菌丝长势及吃透料天数	播种期(月/日)	出荪期(月/日)	出荪天数(天)	干品产量(克/米^2)
棘　托	旺盛,64	4/19	8/21	124	247
短　裙	稍弱,108	4/19	10/25	189	96
红　托	稍弱,97	4/19	10/7	171	105
长　裙	较强,86	4/19	9/17	151	128

试验表明，葡萄园间栽培竹荪，荫棚环境良好，可改善竹荪生长条件。收完竹荪后的培养料，回到葡萄园作肥料，实现以果养菌，以菌促果的效果。在竹荪品种上，棘托长裙竹荪抗逆力强，易栽培管理，适宜间作，而其他 3 个品种表现较差，不宜在葡萄间套种。

2. 竹荪间套种玉米、大豆

竹荪畦床旁边间套种高秆作物玉米、向日葵、高粱，用于遮荫；同时在高秆作物之间栽培短秆作物的大豆、辣椒等，起到固氮作用。这种栽培模式,有效地提高了竹荪产量和综合效益。具体技术如下。

(1)栽培季节 春季播种,夏季长菇。南方通常"清明"前播种;北方省(自治区)可掌握在地温 10℃ 以上时播种为宜。播种后 60 天左右,正值夏季 6～9 月份最佳长菇期,整个生产周期 5 个月。

(2)铺料播种 栽培原料为发酵料。采取二层料、一层菌种的播种法。先把培养料混合,加水量按料水比为 1∶1.1,以用手捏培养料无水滴出,手指缝间有水可见为宜,集成料堆,让水分渗透原料基质,5～7 天后打开散热排气,含水量掌握在 60%～65%。堆料播种时,先把 2/3 的培养料铺放在畦床上;再把竹荪菌种掰成块状,点播于培养料上并轻按压,使菌种与料吻合;然后再把 1/3 的料铺放上面,整个料层高 20 厘米,形成底层宽,上层稍缩。用料 13～15 千克/米²,菌种 2～3 瓶。最后把畦沟上的泥土敲碎,覆盖料面,覆土厚度 3～4 厘米。北方春季气温低,播种覆土后,可采取畦面覆盖地膜保温发菌,不定期揭膜通风换气,并利用雨天补充覆土水分,用玉米秸或杂草等盖面,防止雨水冲刷表土。

(3)间套作物 竹荪播种 15～20 天后,在畦床旁边,按每间距 2 米套种 1 穴玉米或向日葵等高秆作物,在高秆作物之间再套种 2 穴大豆或辣椒,形成高、矮秆作物配合,起遮荫和固氮作用。在作物挖穴播种时,不可伤及竹荪菌丝和培养料。

(4)出菇管理 长菇期正处于夏季气温高,干旱时,可在傍晚畦沟灌水,吸湿排干,并保留沟底浅度蓄水,土层含水量 25%。经过 50～60 天培养畦床出现菌球,逐步长大成子实体。此时,玉米、大豆枝叶繁茂自然遮荫。如果玉米叶或葵花叶过于茂盛,会影响透光,就要进行摘叶疏间;大豆枝叶过茂亦需割去部分。一般播种后60～70天竹荪采收,直至9月底结束,此时玉米、大豆等间套作物也进入结实期。

(五)竹荪畦床多种菇耳套栽

竹荪畦床可以套种黑木耳、猴头菇、香菇,形成立体栽菇,一地多用,提高效益。

1. 季节安排

畦床套种其他菇、耳,竹荪本身的栽培季节,应选择在秋季10～11月间,袋栽香菇脱袋下田前15天,进行堆料播种。香菇脱袋后排放在竹荪畦床上,从11月到翌年4月底,香菇采收基本结束。到5月份就可以把室内发菌培育好的黑木耳菌袋,排放入竹荪畦床上开口出耳,1个月就可采收结束。紧接着6～9月份竹荪开始现蕾采收。凡是4月底香菇采收没结束的地区,5月份就不宜套种黑木耳;海拔较低的地区,5月份竹荪已开始现蕾的畦床,也不宜套种黑木耳。竹荪9月底基本采收结束,此时可把接种发好菌的猴头菇菌袋,排放在竹荪畦床上出菇,这样形成周年套种布局(见表6-2)。

表6-2　竹荪畦床多品种周年制套种布局

品　种	竹　荪	猴头菇	香　菇	黑木耳
长菇月份	5～9	10	11～4	5
所需天数	120	30	180	25～30

2. 配套品种

要衔接好荪、菇长菇季节,竹荪品种应选择高温型棘托竹荪菌株,如D-古优1号、GD-710、D-89,产菇均在5～9月间。香菇品种必须根据海拔高低,因地制宜选择适合的菌株。南方诸省海拔在 300 米以上、600 米以下的地区,应选择中温偏低的香菇菌株,如 087、农 7、856、Cr-66、Cr-62,其子实体在 4 月底基本上采收结束。海拔在 300 米以下的地区,常用中温偏高的香菇菌株,如 Cr-04、Cr-20、L-26 等菌株,4 月底基本上也采收结束。

3. 栽培管理

凡套种的竹荪畦床,应整理成中间高、四角低的龟背形,以利于排水,并在畦床搭好排筒架。在畦床上铺放塑料薄膜,防止因香菇喷水过湿,导致竹荪菌丝霉烂;同时,在畦床四周,每隔 1 米,用 15～20 厘米的空心竹管,直插畦床内,供给氧气,促进菌丝正常生长。香菇、黑木耳采收结束,菇筒离场时,畦床上的杂物应进行一次清理,疏松覆盖土,促进通风透气,有利于竹荪菌丝生长,子实体正常发生。

七、竹荪病虫害防治技术

竹荪和其他食用菌一样,随着栽培面积的不断扩大,病虫害也逐渐加重。在整个生产过程中,多种病虫害通过制种、栽培的各个环节对竹荪造成危害。因此,掌握其发生规律和有效的防治方法,对竹荪的规范化栽培意义重大。

(一)病害类型与综合防治措施

在整个生产过程中,由于遭到某种不适宜的环境条件影响,或者其他生物的侵染,致使菌丝体或菇体的正常生长发育受到干扰,在生理上和形态上产生一系列不正常的变化,从而降低其产量和品质,这就是食用菌的病害。随着病害的发生和发展,危害逐渐加大。因此,病害的发生往往有一个过程。

1. 病害类型

病害的发生有其直接的原因。根据是否有病原生物侵染而将病害分为不同的两种类型:侵染性病害和非侵染性病害。侵染性病害是由病原生物侵害所引起的。引起这一类病害的病原生物有真菌、细菌、线虫、病毒、类菌质体等。根据病原生物的危害方式,侵染性病害又分为:寄生性病害、竞争性病害(杂菌)和寄生性兼竞争性病害。

(1)寄生性病害 此类病害的特征是病原生物直接从菌丝体或子实体内吸收养分,使其正常的生长发育受到干扰,从而降低产量和影响品质,或者是病原生物分泌对菌丝体或子实体有害的毒素。

(2)竞争性病害 这类病菌一般生长在培养料上,或生长在有损伤的、死亡的菌丝体或菇体上。它的生长主要靠吸收培养料的养分,与菌丝体和菇体争夺营养和生存空间,导致产量和品质下降。

(3)寄生性兼竞争性病害 这类病原生物既能在培养料上吸收营养和抢占地盘,又能直接从菌丝体或子实体内吸取养分。

根据病原生物的分类,病害又分为真菌性病害、细菌性病害、线虫性病害、病毒性病害和黏菌病害等。

在竹荪生产上危害最严重的主要是竞争性杂菌(包括大多数真菌和细菌),如绿色木霉、毛霉、根霉、曲霉、链孢霉、细菌等。

2. 综合防治措施

竹荪的病虫害防治,尽可能采用农业、生物、物理、生态等为主体的综合防治措施,把有害的生物群体控制在最低的发生状态,辅以允许使用的化学药物防治技术,达到竹荪产品无公害的目的。

(1)选育抗逆性强菌株 优良的菌株具有菌种纯度高、健壮、生长速度快、适应性强、产量高、质量好等优良性状,能有效减轻病虫的危害。

(2)净化生产环境 净化生产环境是有效防治病虫害的重要手段之一,是其他防治措施获得成功的基础。菌种场、栽培场要经常保持清洁卫生,轮换场地,及时清理废弃物,定期进行消毒灭菌,减少病菌和害虫的生长场所,创造一个良好的适宜竹荪生长而不适宜病虫发生和繁殖的环境条件。

(3)合理安排季节 竹荪菌株较多,适宜的生长温度差异较大,在生产中,要根据当地的气候安排适宜的品种。一般来说,气温高时,病虫害发生严重,可考虑避开此时培菌和出菇高峰。

(4)严格各项生产规程　科学合理配料,选用优质、无霉变、无掺假原料,拌料均匀,含水量适中;发酵料栽培,则需培养料发酵均匀一致,在播种前需翻堆培养料,散发废气;科学进行养菌和出菇管理。

(5)物理防治措施　菇棚覆盖防虫网、挖水沟等,起到隔离保护的作用;利用某些害虫的趋光性、趋化性,对其进行诱杀。另外,采用人工捕捉,对某些害虫也是一种有效的物理防治办法。

(6)利用有益生物　以虫治虫、以菌治虫、以菌治菌等,这种生物防治措施,对人、畜安全,不污染环境,但见效慢,达不到立即控制危害的目的,还有待研究。

(7)生物农药防治　目前,国内外上市的生物农药主要有:生物杀虫剂——阿维菌素;抗生素杀菌剂——武夷菌素、嘧啶核苷类抗菌素、中生菌素、多抗灵;细菌农药——苏云金杆菌、青虫菌;真菌农药——白僵菌、绿僵菌等。

(8)化学防治　化学农药防治病虫害,要求合理选用农药、安全使用农药、提高农药使用的技术水平。根据《农药合理使用准则》的要求严格执行,确保竹荪产品的无公害和环境的无公害。

(二)竹荪常见杂菌的防治

1. 木霉特征与防治

木霉又名绿霉(*trichoderma viride*),是竞争性杂菌之一。

(1)形态特征　发生初期培养料上长出白色、纤细的菌丝,逐渐菌丝变深呈灰白色绒状小点(或小斑),随后在病斑中央出现浅绿色的粉状霉层,这是形成大量分生孢子的表现。随着霉层由浅绿色转为深绿色,范围迅速扩大,取代了白色菌丝层,并向培养料深层发展。木霉形态见图7-1。

图 7-1 木霉形态特征
1. 绿色木霉 2. 康氏木霉

(2)**危害病状** 绿色木霉病在生产上又叫绿霉菌,是竹荪生产过程中的重要的杂菌。常发生在菌种培养基,播种后的菌袋、菇床等发霉变绿,使菌丝不能萌发定植,或使已萌发定植后的菌丝生长不正常直至死亡。绿色木霉菌的危害,主要是寄生、分泌毒素,其次是与菌丝体进行营养物质和水分的竞争。由于其适应性强,生长速度快,分解纤维素和木质素能力强,以及抗药性较强等特点,一旦发生蔓延就不易处理。没有发好菌的菌袋、菇床菌丝不能生长,已发好菌的菌袋、菇床不能形成子实体,或已形成的子实体基部发病,引起腐烂。

(3)**发病条件** 绿色木霉菌平时以腐生的方式生活在有机物质或土壤中,形成的分生孢子(聚集成堆的绿色霉层)在空气中随空气到处飘浮，一旦落到有机物质上，在适宜其生长的温、湿度和酸碱度的条件下迅速繁殖生长。竹荪的菌种培养基和栽培料是其生长的良好条件，特别是麦麸或米糠的添加量较多时更有利于木霉菌生长。绿色木霉菌对温度适应范围广，几乎竹荪菌丝生长的适温范围均适合其生长，但以高温、高湿和基质偏酸性的条件下生长繁殖最快。

（4）防治措施　保持场所及周围的干净卫生，净化接种、培菌、栽培环境，清除污染源；选用无霉变、无结块、无虫蛀的优质原材料，科学合理配料；选用优质的菌种。在制种时灭菌要彻底，接种要严格按照无菌操作规程，确保菌种纯正、无污染和生命力旺盛；操作过程科学规范。轻拿轻放，避免菌袋的人为破损；偏高温季节栽培时，接种选在后半晚和清晨；培菌期间注意培菌场地的通风，气温偏高时，注意菌袋的疏散；生料栽培和发酵料栽培，宜选择在气温26℃以下的季节。畦床发生木霉时，可用45％扑霉灵乳油800倍液或15％噻菌灵悬浮剂500倍液喷施，也可在染病的区域直接撒一薄层石灰粉。局部可用45％扑霉灵乳油500倍液浸泡过的湿布盖住涂抹。

2. 链孢霉特征与防治

链孢霉（*Neurospora sitopHila* Shoet dodge）又叫好嗜脉孢霉或红粉菌，有的地方叫红色面包霉菌。这是一种菌种生产和栽培中威胁性很大的杂菌。

（1）形态特征　链孢霉形态见图7-2。

（2）危害病状　培养基或培养料受链孢霉菌污染后，其菌落先为灰白色、疏松棉絮状的气生菌丝，随后很快占满基质表面空间，并大量形成链状串生的分生孢子，使菌落呈浅红色粉状。特别是在棉塞受潮或菌袋有破孔口，可长出呈球状的、橘子状的红色分生孢子团。此红色霉团稍微触动或震动，其分

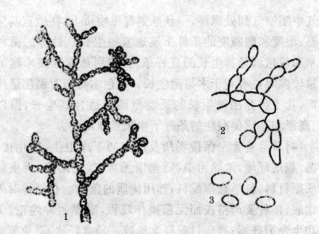

图 7-2　链孢霉形态特征

1. 孢子梗分枝　2. 分生孢子穗　3. 孢子

生孢子就像撒粉一样扩散,也可通过空气流动而迅速蔓延。

　　(3)发病条件　该病菌在自然界中分布很广。空气中到处都有链孢霉菌的分生孢子,农作物秸秆、土壤、淀粉类食品、废料上也大量存在,均可通过气流和劳作等多种途径沉降到有机物表面后很快萌发生长。其传播容易、生活能力强并能重复交叉感染。在高温、高湿条件下生长速度极快,最适宜生活条件为温度 28℃以上,培养料含水量 55%～70%,空气相对湿度 80%～95%。链孢霉为好气性真菌,氧气充足时,分生孢子形成更快,污染培养基或培养料后,很快就能在料面形成橘红色的霉层,如霉层出现在瓶或袋内,则能通过潮湿的瓶塞或袋子的袋口(破口)形成橘子状的红色球团,稍有震动即可扩散蔓延而造成更大的危害。每年的 6～9 月份是链孢霉菌的高发季节,发生严重时,在 2～3 天内可迅速污染整个生产场地,给生产者造成严重的经济损失。

(4)防治措施 搞好菌种生产场地和栽培场地的环境卫生,废弃的培养基或培养料应及时清除,不能让链孢霉滋生和传播;栽培季节尽量避开夏季的高温、高湿期;确保消毒灭菌的彻底,尽量避免菌袋的破损和封口材料的受潮;严格控制污染源,净化接种、培菌环境,遵守无菌操作规程;抓好培菌场所的通风、降温、降湿工作,可在菌袋上和生产场所地面撒上一层干石灰粉;定期检查,及时处理。一旦发现应及时用湿布包好后拿离现场,做烧毁或深埋处理,防止其分生孢子的迅速扩散,形成再次侵染。

3. 毛霉特征与防治

危害竹荪的毛霉有高大毛霉[*mucor mucedo*(L.)Fres.]和总状毛霉(*m. racemosus* Fres.)。

(1)形态特征 毛霉形态见图7-3。

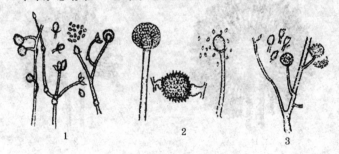

图 7-3 毛霉形态特征
1. 总状毛霉 2. 高大毛霉 3. 剌状毛霉

(2)危害病状 毛霉菌污染的培养基或培养料,初期长出灰白色粗壮稀疏的菌丝,其生长速度明显快于竹荪菌丝的生长速度。后期,气生菌丝顶端形成许多圆形小颗粒状,初为黄白色后变为黑色。

(3)发病条件 毛霉和根霉的适应性强,平常生活在各种有机物质上,在孢子囊中的孢囊孢子成熟后可在空气中飘浮移动,沉降到有机物质表面后,只要温度和湿度适宜,很快就可萌发长出菌丝。高温、高湿是毛霉和根霉迅速生长的有利条件。

(4)防治措施 参见绿色木霉的防治方法;培养料含水量适中,不宜过大;采取"预防为主"的原则,接种严格消毒,并进行无菌操作,保持培菌场地的通风降温。

4. 曲霉特征与防治

危害竹荪常见的曲霉(*Asperdillus spp.*)有黄曲霉(*A. flavus*)和黑曲霉(*A. niger*)。最为常见的是黑曲霉(*A. niger*),俗称烟霉病。

(1)形态特征 曲霉形态见图7-4。

1   2

图 7-4 曲霉形态特征
1. 黑曲霉 2. 黄曲霉

(2)危害病状 黑曲霉的菌落初为黄色,后逐渐变为黄绿色至褐绿色。黑曲霉的菌落刚发生时为灰白色绒状,很快变为黑色。受曲霉菌污染的培养基或培养料，很快长出黑色或黄绿色的颗粒状霉层。发生在竹荪畦面表土或覆盖在畦面的稻草上，由红变黑。传播媒介有风、人，并迅速蔓延危害菌丝，是一种毁灭性的病害，发生后难于防治。受害的竹荪畦床培养料潮湿变黑，菌丝生长受阻，菇蕾呈水渍状、霉烂。

(3)发病条件　主要是沟水不畅、遮阳物厚不通风造成的。曲霉菌广泛分布于土壤、空气中的各种有机物质上，适宜的温度为20℃以上，湿度65％以上，适宜的酸碱度为中性略偏碱性。曲霉是竹荪生产中常见的一种杂菌，发生的主要原因是培养基或培养料结块、发霉变质、灭菌不彻底、生产场地连作栽培以及在栽培过程中的高温、高湿、通风不良等。曲霉菌在自然界中，几乎在一切有机物上都能生长，其产生的孢子飘浮在空气中，通过空气的流动而广泛传播，沉降到有机物上后，只要温度、湿度条件适宜，即可迅速萌发生长，再次成为侵染源。另外，也可通过接触过病菌的材料、工具、人员等进行再侵染。受曲霉污染的培养基或培养料，竹荪菌丝难以继续生长。曲霉还能分泌毒素对人体健康造成危害。

(4)防治措施　预防黄曲霉的有效措施与绿色木霉防治方法基本一致。黑曲霉的防治措施：清理排水沟防积水，减少覆盖物的厚度，菇棚通风，降低空气湿度，以抑制其生长，截断两头畦床防止蔓延，同时使用300倍波尔多液或使用25％苯醚甲环唑乳油600倍液喷危害部位，每天1次，连喷3天，也可用碳酸氢铵撒发生部位，盖薄膜覆土，有一定的防控作用，清洗覆盖地膜暴晒后再使用。同时轮换地块，减少污染。

5. 细菌形态特征与防治

细菌是一大类营养体不具丝状菌丝结构的单细胞形态的微生物，最常见的有芽孢杆菌(*Bacillus*)、黄单胞杆菌(*Xan-*

thomonas)、假单胞菌科(*Pseudomonas*)和欧氏杆菌(*Eruinia*),它在自然界中广泛分布,在菌种生产和栽培中经常发生。

(1)形态特征 细菌的菌体呈杆状或球形,大小为 0.4～0.5 微米×1～1.7 微米,一端或两端具有 1 条或多条鞭毛,革兰氏染色为阴性反应,形态见图 7-5。

(2)危害病状 细菌污染多发生在菌种生产和栽培料上。马铃薯琼脂葡萄糖的斜面母种培养基受细菌污染时,表面呈潮湿状,有的有明显的菌落,有的呈浆糊状。特别是麦粒、谷粒等制作菌种受细菌污染后,菌种瓶(袋)壁上有明显的黏稠状细菌液。栽培过程中培养料受细

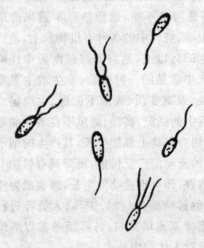

图 7-5 细菌形态

菌污染,同样有上述现象。培养料受细菌污染,还会散发出腐烂的臭味,使菌丝生长不良或不能生长。

(3)发病条件 细菌来源广泛,空气中飘浮有细菌、土壤和水中含有细菌,各种有机物质上也带有细菌。上述细菌中,芽孢杆菌在菌体内可形成一种称为芽孢的内生孢子,它的抵抗力极强,尤其是对高温的抵抗力。一般病原细菌的致死温度为 48℃～53℃,有些耐高温细菌的致死温度最高也不超过70℃,而要杀死细菌的芽孢,一般要 120℃左右的高压蒸汽处理。因此,消毒灭菌时冷空气没有排除干净或压力不足,或保

压、保温时间不够,是造成细菌污染的重要原因。此外,接种过程中未按无菌操作规程,或菌种本身带有细菌,都是引起细菌污染的原因。培养基或培养料含水量偏重,气温或料温偏高也有利于污染细菌的生长。

(4)防治措施 选用的原料新鲜无霉变,消毒灭菌彻底,并严格遵守无菌操作规程;控制培养料的含水量不能过高,并保证培菌场地温度和料温不偏高;选用纯正、无污染的菌种;在配制培养料时拌入每毫升含 100～200 单位的抗生素(如农用链霉素)可抑制细菌生长;用次氯酸钙或漂白粉液对菇房、床架等场所进行消毒处理,浓度为含有效氯 0.03%～0.05%。

6. 酵 母 菌

酵母菌是一类没有丝状结构的单细胞真菌,常见酵母菌有酵母属(*Saccbaromyces*)和红酵母属(*pHodotorula*)。酵母菌的菌落有光泽,颜色有红、黄、乳白等不同类别。

(1)形态特征 酵母菌形态见图 7-6。

(2)危害病状 培养料受酵母菌污染后,极易大量繁殖,引起发酸变质,散发出酒酸气味。不同种类的酵母菌生长时形成的菌落颜色和形状各有不同,但其共同的特点是没有绒状或棉絮状的气生菌丝,只形成浆糊状或胶质状的菌落。

(3)发病条件 酵母菌是一类广泛分布于自然界中,最主要是存在于含糖分高又带酸性环境的有机物质上,如霉变的麦麸、米糠、菇体等。菌种生产过程中,由于消毒灭菌不彻底,特别是间歇灭菌在料温降不下来的高温高湿条件下,有利于培养料内未被杀死的酵母菌萌发和大量繁殖,造成培养料发酵变酸变质。在栽培过程中,由于气温偏高,培养料含水量偏重,铺料过厚或装料过紧,也易引起栽培料发酵变酸变质。

(4)防治措施 选用新鲜优质的不霉变的原料,装料不能

图 7-6 酵母菌形态特征

过多过紧,料袋的规格不宜过大;装锅灭菌时,瓶或袋之间应保持有一定的空隙,以便热蒸汽流通。不宜采用常压间歇灭菌,而宜采用高压灭菌或一次性灭菌,并保持 100℃在 8 小时以上;接种过程严格进行无菌操作;控制培养料适宜的含水量;栽培生产配料中,可按干重加入 0.1% 的 50% 多菌灵可湿性粉剂或 0.05%～0.07% 的 70% 甲基硫菌灵可湿性粉剂拌料;在拌料或堆制时,发现培养料温度过高,并有酒酸气味时,可以适当添加轻质碳酸钙,并摊开培养料。

(三)常见虫害及防治技术

竹荪的害虫种类较多,为害方式也不尽相同。在制种、栽培、贮存、运输过程中均遇到为害。为害最普遍和严重的是昆虫中双翅目的菇蚊、菇蝇,其次是弹尾目的跳虫、缨翅目的蓟马、直翅目的蝼蛄、鳞翅目的地老虎等。另外,螨类也是生产者不可忽视的一类害虫,其为害小则减产、品质下降,重则绝收。除此以外,还有蛞蝓、蜗牛、老鼠等,也能咬食菌丝或子实体,同属于对竹荪的有害动物。

1. 瘿 蚊

瘿蚊属双翅目瘿蚊科昆虫,学名 *mycopHila* sp.。又名菇蚋、菇瘿蚊。危害竹荪的常见种类有：嗜菇瘿蚊(*m. fungicola*)、巴氏瘿蚊(*m. barnesi*)和施贝氏瘿蚊(*m. speyeri*)。

(1)形态特征 瘿蚊幼虫刚孵化时为白色纺锤形小蛆，老熟幼虫米黄色，体长约 3 毫米，由 13 节组成，无胸足和腹足。头部不发达，中胸腹面有 1 个明显的剑骨，呈"Y"形，这是该属幼虫的主要特征。幼虫的抗逆能力强，能耐高温，也能耐低温，幼虫常可直接进行童体繁殖(幼虫胎生幼虫)，每条幼虫可繁殖 20 条左右的小幼虫。因此，菌瘿蚊的繁殖速度极快，虫口密度大，经常可成团成堆出现。成虫为柔弱的小蚊，头胸部黑色，腹部和足橘红色。头部触角细长，念珠状，由 16～18 节组成，鞭节上有环毛；复眼大而突出；胸翅 1 对，较大，翅透明，翅脉少，中脉分叉，无横脉；足细长，基节短，胫节端无端距；腹部 8 节。雌成虫腹部尖细，雄成虫外生殖器呈 1 对铗状(图 7-7)。

图 7-7　瘿蚊形态特征

(2)为害症状 瘿蚊幼虫害，生活在培养料中，取食菌丝和培养料，影响发菌；在出菇阶段，大量幼虫除取食菌丝体外，还取食菇体，造成鲜菇残缺、品质下降。

(3)防治措施 搞好菇场内外的环境卫生，减少虫源；菇棚盖上防虫网，培养料进行高温堆制发酵处理，杀死料中的虫卵和幼虫；可采用 20％二嗪乳油 500～600 倍液拌料，也可用 90％敌百虫晶体 1 000 倍液拌料；如已发生菌蛆为害，则可用 90％敌百虫晶体 1 000 倍液喷雾。施药时需谨慎，按其要求使用，避免人、畜中毒。

2. 蚤 蝇

蚤蝇为双翅目蚤蝇科的一类害虫,为害竹荪的蚤蝇主要有菇蚤蝇(*megaselia agarica*)、黑蚤蝇(*m. nigra*)、普通蚤蝇(又名粪蝇,*m. halterata*)、黄脉蚤蝇(*m. flavinervis*)和灰菌球蚤蝇(*m. barista*)。

(1)形态特征 幼虫是一种白色的蛆,头部尖,尾部钝,体长约 4 毫米左右,无胸足和腹足。成虫为浅褐色或黑色小蝇,头小,胸大,侧面看呈驼背形比菇蚊粗壮。头部复眼大,单眼3 个,触角短,由 3 节组成,第三节肥大,常把第一、第二两节遮盖住,芒羽状。足粗短,胫节有端距并多毛(图 7-8)。

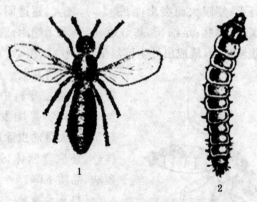

1

2

图 7-8 蚤 蝇

1. 成虫　2. 幼虫

(2)为害症状 蚤蝇分布范围广,喜欢滋生在厩肥、有机物残体等腐臭环境中。卵、蛹、幼虫可通过培养料带入栽培场,成虫则可以从周围环境中飞入。成虫喜欢通风不良和潮湿环境,并有很强的趋化性。在 16℃ 以上只要有风,成虫就能成群飞动,交尾后的雌虫,受菌丝体香味吸引,可以从很远的地方飞到栽培场地。在适宜的温、湿度条件下,卵经过 4～5 天即可孵化为幼虫,幼虫寿命为 2 周左右,取食菌丝和蛀食菇体。蛹期 6～7 天,成虫期为 7 天左右。蚤蝇大量存在时还能传播多种病菌。蚤蝇 1 年可发生多代对竹荪生产造成为害。

(3)防治措施 搞好菇场内外的环境卫生,及时清除各种废料物质和残存菇床上的死菇、烂菇、菇根,以防成虫聚集产卵;培养料堆制发酵,菇棚覆盖防虫网,防止成虫飞入菇棚产卵。在菌丝生长阶段,用 5%氟虫腈悬浮剂 2 500 倍液喷杀成虫效果好。

3. 跳　虫

跳虫又叫烟灰虫,属弹尾目的一类害虫。在生产上造成为害的常见种类有:菇疣跳虫(*Achorutes armatus*)、菇紫跳虫(*hypogastrura armata*)、黑角跳虫(*Entomobrya sauteri*)、黑扁跳虫(*Xenglla langauda*)、角跳虫(*Folsomia fimetaria*)等。

(1)形态特征 弹尾目的跳虫,体长大多在 3 毫米以内,体色和大小因种类而异。口器为咀嚼式,无复眼。触角通常为 4 节,胸部 3 节,无翅,腹部 6 节,第一节上有 1 个黏管,第三腹节上有 1 个握钩,第四或第五腹节上有 1 个弹尾器,弹尾器常向前弯,夹在握钩中。弹尾器下弹时,虫体就飞向前弹跳。常见跳虫见图 7-9。

(2)为害症状 平时生活在潮湿的草丛、阴沟以及有机物堆放处或其他有机质丰富的阴湿场所,取食死亡腐烂的有机物质或各种菇菌及地衣。在竹荪的生产场地,则取食菌丝、菇体和孢子。跳虫对温度适应范围广,气温低的冬春,竹荪上都可看到其为害;气温高时,则可大量发生。跳虫弹跳自如,体

图7-9　跳　虫

1. 幼虫　2. 雌成虫　3. 雄成虫

具油质,耐湿性强,在水中可漂浮,喜阴避光,不耐干燥。跳虫1年可发生5～6代。

(3)防治措施　彻底清除栽培场地四周的水沟以及杂草和堆积物,清除的杂草杂物就地烧毁;栽培场内外,在清洁卫生后用500～600倍高效氯氰菊酯喷雾;用少量蜂蜜或食用糖加敌敌畏进行诱杀。此法安全有效,还能诱杀其他害虫。

4. 螨　类

螨类俗称菌虱,隶属节肢动物门蛛形纲,是包括竹荪在内的大多食用菌种类的主要害虫。

(1)形态特征　蒲螨(*Pyemotes spp.*)体小,扁平似虱状,体浅褐色或咖啡色,肉眼不易看到。喜群体生活,成团成堆,看上去似土色的粉状。食酪螨(*tgroglypHus spp.*)是最常见的螨类。其种类包括长嗜酪螨(*t. longgior*)、菌嗜酪螨(*t. fungivorus*)和腐嗜酪螨(*t. putrescentiae*)等。它们相对蒲螨,体型较大,呈长椭圆形,白色或黄白色,一般体长350～650微米。体表刚毛细长,体背面有一横沟,明显将躯体分成前、后两部分。成螨色白、体表光滑,休眠体呈黄褐色。常见螨形态见图 7-10。

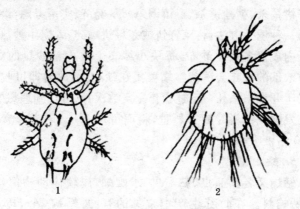

图 7-10　常见螨类形态特征
1. 蒲螨　2. 食酪螨

　　(2)为害症状　螨类繁殖速度特别快,1 年少则 3～4 代,多则 10～20 代,喜欢温暖、潮湿的环境,常潜伏在仓库、饲料间、鸡鸭棚的米糠、麦麸、棉壳等原料中,以霉菌和植物残体为食物,可通过培养料、菌种、害虫带入栽培场,也可自己爬行进入。螨类的繁殖与其他害虫有所不同,大多种类可进行两性生殖,也能单性生殖(孤雌生殖)。成虫交尾后产卵,孵化后变为幼虫,幼虫长为若虫,经过若虫期再到成虫期;也有的种类,可以不经交尾由雌虫直接产卵。培养料被螨类为害后,菌丝不能萌发或逐渐消失,直至最后被全部吃光。子实体受螨类为害后,可造成菇蕾萎缩枯死,或子实体生长缓慢,无生机,严重影响产量和品质。

　　(3)防治措施　栽培场地要与原料、饲料仓库以及鸡舍等保持一定距离,因为这些地方往往有大量害螨存在,容易进入栽培场地。选用新鲜清洁的培养料,保证菌种不带螨;培养料经高温堆制发酵处理,杀死培养料中的虫源。采用菜籽饼或茶籽饼诱杀、糖醋诱杀、毒饵诱杀。从经济、实用考虑,最好是用第一种诱杀方法:将菜籽饼或茶籽饼敲碎,入锅中炒热。在菇场内放置多块小纱布,每块小纱布上放少量炒热的饼粉。粉饼浓郁的香味会诱使害螨群集在纱布上,此时即可收拢纱布浸于开水中杀死。上述操作重复数次,则可达到理想效果。建堆发酵或铺料时螨害严重,料面可用1.8%阿维菌素乳油2 000倍液喷杀。

5. 蛞蝓

蛞蝓又名鼻涕虫、黏黏虫、水蜒蚰,属软体动物门,腹足纲,蛞蝓科。在竹荪生产中常见的有:野蛞蝓(*Agriolimax agrestis Linne*)、双线嗜黏液蛞蝓(*pHilomycus bilineatus Benson*)和黄蛞蝓(*Limax flavus Linne*)。

(1)形态特征 身体没有保护躯体的坚硬外壳,裸露,暗灰色、灰白色或黄褐色,头部有触角2对,整个身躯柔软,能分泌黏液。野蛞蝓和双线嗜黏液蛞蝓,在躯体伸长时,体长30～40毫米、宽4～7毫米。黄蛞蝓在躯体伸长时,体长可达100～120毫米、宽10～12毫米。常见蛞蝓形态见图7-11。

(2)为害症状 蛞蝓耐阴湿而不耐干燥,喜欢黑暗而避光,食性杂,取食量大。白天躲藏在阴暗潮湿处,天黑后到午夜之间是其活动和取食高峰期,天亮前又回到原来的隐蔽场所。蛞蝓对竹荪的为害是直接取食菇蕾、幼菇或成熟的子实体。被啃食的子实体,无论是菌柄、菌盖幼菇或菇蕾,均留下残缺或凹陷斑块。蛞蝓在爬行时,所到之处会留下白色发亮的黏液带痕和排泄的粪便。被为害的菇蕾或幼蕾,一般不能发育成正常的子实体。适期采收的子实体被害后,也失去或

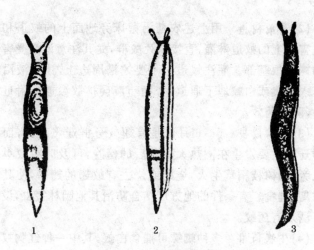

图 7-11 蛞蝓形态特征

1. 野蛞蝓　2. 双线嗜黏液蛞蝓　3. 黄蛞蝓

降低了其商品价值。

(3)防治措施　搞好场地的环境卫生,在蛞蝓可能出没之处撒上一层干石灰粉;夜间 10 时以后进行捕捉,捕捉时带一小盆,盆内放石灰或食盐,将捕捉到的蛞蝓投进盆中很快便可杀死。连续数晚捕捉可以收到很好的效果;为害严重时,可用四聚乙醛或丁蜗锡拌进米糠、豆饼粉、麦麸或鲜嫩的青草中,于傍晚撒在菇场四周,诱杀蛞蝓。

6. 白　蚁

林地、果园间套栽竹荪,经常遭受白蚁为害,不仅菌床中的栽培料、菌丝、菌索受害,而且子实体也常被蛀,可造成减产,这是竹荪野外栽培为害极大的害虫之一,白蚁防治要将各种防治措施有机结合,才能取得较好效果。

(1)挖巢灭蚁　根据蚁道寻找蚁巢,挖出后,用 90％敌百虫晶体 800 倍液或 50％辛硫磷乳油 800 倍液,泼浇蚁群、蚁巢。

(2)药液浇道　用上述农药沿菌床旁地面上的蚁道和附近被害树上的蚁道淋灌,直接杀死蚁群,尤其注意淋灌受害严重的树木根基部。灌注蚁道时不要挖松周边土,让药液沿洞穴流入蚁巢或白蚁地下通道,否则药液会扩散渗透到附近土壤中,降低药效。

(3)灭除成虫　5～6月份是有翅蚁分群迁飞高峰,而且分群迁飞主要发生在闷热大雨前后的傍晚,可及时在蚁巢分群孔旁,用树枝稻草生火,烧死或烧去有蚁翅的翅膀,使其附地被鸟、蛙食。有条件的地方可结合防治其他园林害虫,设置光灯诱杀有翅蚁。

(4)生物防治　多种蜘蛛可捕食白蚁,其中一种红胸蚁跳蛛个体虽不大,但1天可捕食3～5头白蚁的工蚁。在化学农药防治时,要注意保护此类天敌。

(5)补救措施　追寻蚁道,找到被白蚁为害处,挖开覆土,以菊酯类低毒无公害农药喷洒,填入栽培料,播上菌种覆土,盖草使其重新发菌长菇。

(四)栽培中常见难症的处理

1. 菇蕾萎烂

萎蕾与烂蕾病理不同,应认真鉴别,对症防控。

(1)缺水性萎蕾　表现:菌蕾色泽变浅黄,外膜收缩皱褶;手抓菌蕾内外滑脱,撕开肉质呈白色,质地柔软;闻无味道。检测:翻开培养料,菌丝萎黄,培养料干松,含水量低于40%。原因:播种时培养料水分不足,或干旱料被晾干、晒干;通风过量或罩膜不密有破洞;光照过强,水分蒸发量大。

挽救措施:灌"跑马水"于畦沟内,土吸湿排干,以补充培养料水分;喷雾增湿,喷头朝上雾状喷水,制造空气相对湿度,然后罩膜保湿;调节荫棚遮盖物,避免强光照晒。

(2)渍水性萎蕾　表现:菌蕾褐色或深褐色,外膜皱纹清晰;手抓菌蕾内外滑脱,撕开肉质呈褐色或紫黑色,质地脆断;闻有沤水味道。检测:培养料黄色,菌丝雪白强壮,下层培养料黑色,菌丝甚少。折断竹木培养料明显渍水,含水量70%以上。原因:场地整理欠妥,畦面四周高于中间,畦沟超过料底;喷水过量,培养料积水;覆土过厚或土质板结,透气性差,水分蒸发难。

挽救措施:挖深畦沟,排除淤水;挖去畦床两旁外沿覆土,将竹管插进畦床料内,让氧气透进培养基蒸发水分,然后再覆土;增加通风次数,适当延长通风时间;畦床凹陷积水难排出的,应采取"剖腹开沟",让淤水流出后复原。

(3)病毒性烂蕾　表现:菌蕾黑褐色,外膜收缩脱节,摇动即断;手捏肉质呈豆腐渣状,色极黑;闻有氨水味道。检测:去表层覆土,见菌索发霉,培养料2厘米以下菌丝正常。原因:放射菌或其他杂菌侵害菌蕾。

挽救措施:受害地及四周5厘米处,撒上石灰粉,2天后清除残余,并用苯醚甲环唑800倍药液涂刷,然后覆上新土。

2. 菌丝徒长

表现:菌丝在覆土表面遮阳物或培养料生长旺盛,最后形成一层菌被,推迟出菇或出菇少,影响产量。原因:覆盖物、表土湿度大,加之通风不良,空气相对湿度在90%以上,菌丝往往冒出土层,生长在畦面菌丝浓密;母种移接过程中,气生菌丝挑取多,使原种、栽培种产生结块,出现菌丝徒长。使用这种菌种,一般较易发生菌丝徒长现象。

挽救措施:发现菌丝徒长后,应及时掀开覆盖物、地膜,加强菇棚通风换气,降低空气湿度,以抑制菌丝徒长;母种移接时,挑选半基内半气生菌丝混合接种。

3. 菌丝萎缩

表现:播种后,菌种块菌丝不萌发,或菌种块菌丝萌发,但不往料内生长,菌丝逐渐萎缩,或出现料面菌丝萎缩现象。

原因:菌种块菌丝不萌发,多见于菌种培养阶段遇高温,菌丝生活力降低;菌种块菌丝不往料内生长,多见于培养料过干或过湿,或料内有氨气抑制菌丝生长。覆土后沟有积水,水流入料内,影响菌丝正常生长,以至萎缩死亡。同时,生物碱过高也会发生这种情况。

挽救措施:选用菌丝生长旺盛的优质菌种及时补种,调节好培养料的含水量;料内有氨气时晾3～5天,使氨气散发后再播种;排除沟中积水防止水流入料面;培养料应彻底发酵。

4. 菌裙粘连

菌裙粘连不垂。竹荪子实体发育阶段,常发生菌球破口,抽柄正常,但菌裙紧粘在菌盖的边缘,难以散裙下垂。多因罩膜不严保湿差,畦床内干燥,空气相对湿度低于75%,致使菌蕾收缩,裙体分化不正常,无法伸张而粘连。

控制措施:重水喷洒后罩紧盖膜1～2小时,再揭膜通风;畦沟浅度灌水,增加地湿;荫棚光照调整稍弱。

5. 菇体变形

子实体鹿角形。常出现菌柄正常抽出,菌裙2/3收缩贴粘,另1/3直垂或翘上,形成鹿角状态,多因缺氧,没有进行常规通风;二氧化碳浓度过高。据测定每朵竹荪每小时能排出二氧化碳0.05克,当二氧化碳浓度高于0.1%时,菌裙难以形成,甚至溃烂。

控制措施:菇蕾有乒乓球大时,不需盖膜;荫棚南北向草苦打开通风窗,使空气流畅,用水喷雾畦床及菌球增湿。

（五）竹荪受灾后处理措施

春季种植的竹荪子实体生长期都在夏季,南方诸省夏季雨水多,山洪暴发,因此常发生竹荪栽培场地被洪水淹没、冲刷。遇此情况要做好灾后管理,洪水退后排干沟水,5 天后,检查菌丝生长情况,如果培养料变黑菌丝死亡,可改种二季稻或种黄豆、玉米等农作物。培养料黄、覆土有新菌丝生长,摘除腐烂菇蕾,清除沟中堆积的沙石、沉淀在畦床上板结的淤泥,用尿素、食用菌氨基酸、农药混合液追肥防治虫害,隔天盖地膜,覆土、沟保持湿润;同时,畦面稻草覆盖防旱,菇棚用芦苇加厚遮荫,促发菌。

八、竹荪采收与加工技术及产品标准

(一)竹荪采收技术

1. 掌握成熟期

竹荪子实体成熟破口,基本上都在每天上午 6～11 时开始破口、抽柄、散裙。如不及时采收,就出现菇体自溶或斜倒地面,失去商品价值。

2. 讲究采收方法

棘托长裙竹荪生长出菇高峰期集中于夏季 5～7 月份,其长速快,因此必须配足人手,抓紧采收。由于 5～6 月份时雨时晴,每天温度不一样,采菇有早、有迟,特别是连续几天晴,夜间下雨的早晨,出菇早、多,大部分都在每天上午 6～9 时破口,采菇人手跟不上,可提前在菌球破口时采收,菇体雪白洁净、完整,每天采收 2～3 次,及时剥离菌盖、菌托,运回倒入烤筛,让其自然生长散裙。散裙采摘影响竹荪质量。

3. 谨防采后变质

竹荪纯品当天采收,当天烘烤加工,隔夜变质。

(二)鲜品干制加工技术

竹荪纯品脱水加工应执行农业行业标准《食用菌热风脱水加工技术规范》。脱水烘干技术要求,操作要点如下。

1. 摆菇进机

常用脱水烘干机械有 GDH-250 型、自制热风直流脱水机,生产功率鲜菇 120 千克/台·时,燃料煤、柴。该机中间是热交换器,左右为烘干箱,配有烘干筛 32 片。散裙的竹荪摆筛时,为了避免竹荪粘于筛面,先将纱布铺在筛上,然后按菇大小分上下层,大的摆放下层,小的摆放上层,将竹荪整齐排在烤筛上,用松紧带扎上,防烘烤时被风吹散。若拖延时间,必然影响产品外观和色泽。

2. 脱水烘干

竹荪进机前,先开机运转 10 分钟进行预热,排除烘干房内湿气,提高烤房温度。竹荪入烤房闭门开机,并打开排湿窗,加大火力,使机内温度尽快上升至 60℃～70℃保持 1 小时,同时加大通风量,促使菇体水分随着高热空气从排湿窗排出,并观察菇体颜色是否变化。若菇体呈白色,无水珠,温度稳定在 60℃～65℃,保持 1～1.5 小时,同时将排湿窗关闭 1/3,增加机内热风循环。每次升降温都必须提前观察菇体颜色,以便掌握升降温,避免菌柄缩管烤黄。但由于自制的烤房热性能不同,其温度要求不同,初始烤菇时,注意掌握适宜温度。

3. 间歇捆把

竹荪烘干方法与其他菇品不同,一般菇品是一进机房,烘至足干出机。然而竹荪则是采取间歇式烘干,又称二道烘干法。一是排湿定型期,竹荪脱水烘烤至八成干时,连筛取出,间歇 2～3 分钟,让竹荪接触空气,稍有回软不酥脆时,将其卷捆成每把 100 克左右,并用塑料带捆扎;二是烘干定色期,将捆扎的竹荪再烘烤,此时应把排湿窗全闭,热风循环,烘箱控温 55℃～60℃,约 30 分钟,不定时手摸足管干湿度,烘至足干后出机。竹荪鲜品从进机至烘干一般 3～4 小时即成,鲜干品比约为 9.5：1。

4. 密封包装

竹荪干品返潮力极强，露空受潮即变软。因此干品出机后应立即逐把平整重叠装入塑料袋内，并紧扎袋口，密封不漏气。现行上市小包装使用塑料在托盘装人，外套彩印精美塑料薄膜袋，包装品应符合聚丙烯卫生标准 GB 10463 规定。每袋分别为 50 克、100 克和 300 克，内放吸潮剂"变色硅胶"，袋口机械密封。外包装用纸箱，规格 66 厘米×44 厘米×57 厘米，每箱装 100 克产品 100 包、装 300 克产品 40 包，箱口用胶纸粘封，外扎 2 道塑料带。干品应贮藏于干燥、阴凉库房或保鲜库，防止受潮、高温变色。

（三）竹荪菌球盐渍加工技术

竹荪菌球通过盐渍加工出口日本、韩国和销往我国台湾省市场，很受欢迎。其加工基本工艺规程如下。

1. 原料选择

掌握竹荪菌球由圆形转入椭圆形时，破口前的 2～3 天采收。采收后根据球体大小、重量、品质进行分级。在分级过程中，要除去霉烂、病虫害残次菇、根及泥沙等杂质，并将菌球用清水漂洗掉外层黑膜。

2. 预煮杀青

将洗净后的菌球浸入 5%～10% 盐水中，用不锈钢锅或铝锅预煮，杀死菇体细胞组织。具体操作方法：先将水煮沸或接近沸点，然后把菌球倒入水中，加大火力使水温达到 100℃或接近沸点温度。煮沸时间依菇体大小而定，边煮边用捞勺翻动，一般 7～10 分钟，以剖开菇体内没有白心为度，然后捞出，立即倒入流动清水中冷却,不断翻动使菌球冷却均匀。

3. 加盐腌制

把预煮冷却沥去水分的菌球体进行盐渍,用盐量为菌球重的 40%。具体操作方法:先在缸底铺一层盐,再铺一层菇,再逐层加盐、加菇,直至缸满,最后一层盐稍厚封口,放上竹帘,再压上重物,然后加入煮沸后冷却的饱和盐水,使球体完全浸没在饱和盐水内,调整 pH 3.5 左右,上盖纱布和盖子,防止杂物混入。

4. 翻缸装桶

盐渍完毕进入翻缸阶段。如果没有打气搅拌盐水,夏天应 2 天翻缸 1 次,促进盐水循环,盐浸时间 25 天左右,即可装入塑料桶。装满后加入饱和盐水,再加 300～400 克柠檬酸,并测试酸碱度。测定后按要求的重量将菇体装入塑料袋内,加上封口盐,用线扎紧塑料袋口。现有专用塑料包装桶,每桶装量净重 50 千克左右,标上品名、等级、重量和产地等,即可贮藏或运输。

5. 质量检测

盐渍竹荪菌球感官指标:色泽浅黄色、黄褐色,具有盐渍的滋味和气味,无异味。氯化钠含量 20 波美度以上,pH 3.5～4,食盐符合 GB 5461 标准要求,致病微生物不得检出,保质期 1 年以上。

(四)竹荪"鲍鱼片"加工技术

竹荪菌球采取切片脱水烘干,其外观与鲍鱼片相似,誉称竹荪"鲍鱼片"是竹荪加工新品种之一,其加工技术如下。

1. 选料切片

掌握竹荪菌球进入发育后期，但尚未破口之前 2～3 天采收。采收后根据球体大小、重量、品质进行分级。在分级过程中，要除去霉烂、病虫害残次菇、根及泥沙等杂质，并小心将菌球外包被剥离，然后用切片机或手工切成 2～3 片。最好当天采收，当天加工，不过夜。

2. 分别排筛

切后的球片，均匀排于烤筛上，尽快进炉烘烤，防止胶液流失。

3. 控制温度

菌球鲜品含水量一般在 85％左右，烘干时起烘温度不低于 50℃，升温至 60℃～70℃时，打开排湿窗，通过热气流将球体水分排出窗外，5 小时后，手摸无黏液，翻动数次，并根据干湿度调温，烘干时间一般 12～15 小时。

4. 干燥检测

烘干后的菇片含水量不超过 13％，即达到干品标准。鲜品的烘干率约为 22：1，即 22 千克鲜菇，经切片烘成干品 1 千克。

5. 筛选包装

菇片采用物理筛选，即将干菇片置于不同规格分级圈的竹筛上，筛出大小不同级别，去掉碎片和粉屑，再通过手工拣出烧焦片或粘杂片。然后按菇片宽窄分开，放于清洁干燥塑料袋内，扎好袋口防止回潮。

(五)竹荪银耳茶加工技术

以竹荪与银耳配合制成一种茶，温水一泡即现晶莹剔透的雪花，清甜爽口，是夏令旅游消暑佳品。

其生产工艺流程：

原料泡发→去蒂分朵→硬化处理→清水漂洗→糖液煮制→裹上糖衣→称重包装→成品检验

具体制作方法如下。

1. 选料漂洗

选择当年产色白、无病虫斑点、无霉变的优质竹荪和银耳干品。白砂糖用钢磨磨成80～100目的糖粉。将干竹荪和银耳用清水浸泡，充分发透，并漂洗干净。

2. 分朵硬化

用不锈钢尖刀将竹荪、银耳基部去掉，竹荪切成小片状，银耳掰成小朵，然后置于饱和石灰水的上清液中浸泡20分钟，捞出后用流动清水漂洗，直至灰汁漂尽为止。

3. 煮制糖液

配制55％白糖水溶液，并加入0.1％柠檬酸，置不锈钢夹层锅中，再将经硬化处理的竹荪和银耳放入锅中煮沸15分钟后，加入适量的白砂糖，搅匀后用糖度计测糖度，如此反复煮1小时左右，糖水浓度达65％不再下降时出锅。

4. 上衣包装

竹荪、银耳煮制好起锅后，冷至50℃～60℃时，撒上事先用钢磨磨细、过80～100目筛的优质白砂糖粉，混和拌匀。上糖衣后，即可将竹荪、银耳称重，用无毒塑料袋进行小包装，密封保存。

5. 成品检测

竹荪银耳茶成品呈白色或乳白色，形似冰花，朵型大小较一致。具有竹荪、银耳风味，无异味，无外来杂质。成品糖度65％～70％，含水量14％～17％，致病菌不得检出，符合国家食品商业卫生标准。

(六) 竹荪产品标准

竹荪产品标准执行农业行业标准 NY/T 836—2004《竹荪》标准。

1. 干品感官指标

竹荪干品分级按条形粗细、长短、肉质厚薄、色泽白度、香味及干度进行感官评定级别。竹荪感官要求见表 8-1。

表 8-1 竹荪的感官要求 （单位：百分率 毫米）

项 目	指标		
	特 级	一 级	二 级
色 泽	菌柄和菌裙洁白色、白色或乳白色		
形 状	菌柄圆柱形或近圆柱形，菌裙呈网状		
气 味	有竹荪特有的香味，无异味或微酸味		
菌柄直径	≥20	≥15	≥10
菌柄长度	≥200	≥150	≥100
残缺菇	≤1.0	≤3.0	≤5.0
碎菇体	≤0.5	≤2.0	≤4.0
虫蛀菇	0		≤0.5
霉变菇	无		
一般杂质	≤1.0	≤1.5	≤2.0
有害杂质	无		

2. 干品理化指标

理化指标见表 8-2。

表 8-2　竹荪的理化要求　（单位:百分率　毫米）

项　目	指　标
水　分	≤13.0
粗蛋白质(干重计)	≥14.0
粗纤维(干重计)	≤10.0
灰　分	≤8.0

3. 干品卫生指标

竹荪干品卫生指标应执行国家卫生部 GB 7096－2003《食用菌卫生标准》,见表 8-3。

表 8-3　竹荪的卫生要求　（单位:毫克／千克）

项　目	指　标
砷(以 As 计)	≤1.00
汞(以 Hg 计)	≤0.20
铅(以 Pb 计)	≤2.00
镉(以 Cd 计)	≤1.00
氯氰菊酯	≤0.05
溴氰菊酯	≤0.01
亚硫酸盐(以 SO_2 计)	≤400

4. 竹荪菌球盐渍标准

竹荪菌球盐渍,目前还没有系统标准,这里可参照福建生产区盐渍食用菌行业卫生标准,见表 8-4。

表 8-4　盐渍食用菌产区行业卫生标准　（单位：毫克／千克）

项　目	指　标
总砷（以 As 计）	≤0.50
铅（以 Pb 计）	≤1.00
亚硫酸盐（以 SO_2 计）	≤200
食品添加剂	应符合 GB 2760 的规定
大肠杆菌（个/100 克）	散装≤90,袋瓶装≤30
致病菌	不得检出

5. 绿色产品农药残留标准

竹荪作为绿色食品,应执行国家农业行业标准 NY/ 749—2003《绿色食品　食用菌农药残留最大限量指标》,见表 8-5。

表 8-5　《绿色食品　食用菌农药残留最大限量指标》
（单位：毫克／千克）

项　目	指　标
六六六	≤0.10
滴滴滴	≤0.05
氯氰菊酯	≤0.05
溴氰菊酯	≤0.01
敌敌畏	≤0.10
百菌清	≤1.00
多菌灵	≤1.00

附 录 一

小小一朵竹荪，让越来越多的
菇农鼓起了腰包——
顺昌：科技培育了招牌产业

《福建日报》2009 年 11 月 10 日，第 4 版头条报道

又到了竹荪种植备料的季节，2 日，顺昌县大历镇一家竹制品厂的废料堆前，高阳乡花桥村村民陈国康将竹丝、竹屑等废料往车上装。陈国康告诉记者："这些废料是用来种竹荪的，今年我种了 0.1 公顷竹荪，收获干品 150 千克，收入 1.8 万多元。我现在拉两三车的料，准备明年接着种。"

当下，像陈国康一样，忙着为来年竹荪种植备原料、学技术的农民不断增多，竹荪种植正成为顺昌县农民致富的招牌产业之一。

新技术新品种让产量翻番

20 年前，在古田县食用菌市场上，竹荪干品每千克市场价达好几百元，"这是什么宝贝，这么值钱？"顺昌县大历镇的甘立营为之心动，买回竹荪菌种回到了大历，参照古田菇农的做法，以木屑、木粉为主原料，在山上平整出了 66 米^2 的土地种上菌种，成了大历镇竹荪种植第一人。由于当时对竹荪缺乏了解，也没有相应的技术指导，产量极低。产量低，成本也低，价格却还不错。后来有些村民跟着种，但是面积很小。

由于栽培技术不成熟，产量低，顺昌县竹荪种植规模一直无法扩大。2000 年，全县竹荪种植面积只有 20 多公顷。

2001 年开始,顺昌县科技人员开展了一系列的竹荪栽培实验,经过探索实践,技术不断完善,筛选出了适宜当地种植的 D89、D1 竹荪新品种。新技术、新品种让竹荪产量翻了 1 番,从平均每 667 米² 产 40 多千克干品提高到了平均每 667 米² 产 100 千克,并且可以提前 15 天左右上市。

今年 3 月,经省、市食用菌专家评审,确定顺昌县竹荪栽培技术已经达到国内先进水平。

竹屑作原料生态得保护

"种竹荪要木屑,当时,许多菇农到山上砍木头打成木屑。把树砍了种菇,这对当地的生态是一种破坏。"甘立营告诉记者。2001 年,科技人员与菇农们通过研究实验,成功实现了以竹制品加工厂的生产废料替代传统的木屑为主的栽培原料。

"用竹屑等下脚料替代木屑作为主栽培原料,一举多得。如果没有研究出替代原料,每 667 米² 竹荪需要 12 米³ 的栽培原料,即使木屑只占 50% 的比例,1 年也要消耗木材 6 米³。顺昌县有毛竹 4 万多公顷,拥有竹制品加工企业 91 家,每年产生下脚料 8 万吨。原先企业要花钱请人清理的废弃物有了'用武之地',企业收益增加了,竹荪种植也有了丰富的培养原料,全县 1 年可利用废料 4 万吨,竹木加工产业能增加附加值近 350 万元。"顺昌县竹荪协会秘书长高允旺算了一笔账。

种植技术辐射省内外

顺昌县大干镇慈悲村菇农林长兴今年第一次种植竹荪,0.2 公顷产出干品 390 多千克,纯收入 3 万元。他告诉记者:"我是用抄来的技术种竹荪,没想到,这一抄,就给我带来了 3

万元的收益,平均 667 米² 地赚了 1 万元。"

林长兴早就听说设在大历镇的竹荪研究所探索出了竹荪"三增加、建堆发酵"栽培技术,许多农民靠采用新技术种植竹荪鼓了腰包,他也萌发了种植竹荪的想法。一次偶然的机会,他在本村一户菇农家里看到了《竹荪"三增加、建堆发酵"栽培技术》手册,顿时眼前一亮,他找来纸笔将这份手册抄写了一份带回家。今年按照抄来的技术试着种植,没想到非常成功。

为了更好地推广竹荪种植新技术,2004 年初,顺昌县竹荪协会在大历镇挂牌成立,从 2005 年开始,在该镇的圩日开设"产销超市"。"产销超市"既有专家坐诊授课,也有种植能手、流通大户现身说法,分享经验。几年来,"产销超市"共接待咨询 2 000 多人次,举办技术培训 65 期,发放实用技术资料 7 000 多份,为菇农开出科技、信息"处方"3 000 多份。

目前,高产优质、高效环保的顺昌县竹荪种植技术通过各种渠道传播,辐射到建瓯、建阳、邵武、延平、武夷山等地,省外不少菇农也纷纷前来取经。

品牌带来好效益

2007 年,顺昌县竹荪协会注册"大历竹荪"商标,在全国 15 个城市建立直销窗口,成为全国最大的竹荪生产基地和示范县,竹荪产量占全国的 20%。去年 5 月,顺昌县被中国食用菌协会授予"中国竹荪之乡"称号。今年,顺昌竹荪干品收购价为平均每千克 130 元,最高达到每千克 190 元,远高于往年。

从事竹荪流通工作 10 多年的大历村民张小平感叹:"当初,我们将收获的竹荪运到古田去卖,收购商还挑三拣四压价格。现在,一到竹荪收获的季节,大批客商赶来抢着收购。为了能卖个好价钱,许多外地菇农还不辞辛苦地把竹荪运到顺昌来销售,这就是品牌效益啊。"

"以前,我们劝村民种竹荪没人领情,如今大家都愿种。我的电话多,大部分都是菇农打来的,向我咨询竹荪种植技术及销售方面的问题。"被推举为顺昌县竹荪协会会长的甘立营说。

产业链条期待延伸

近年来,顺昌竹荪产业红红火火,农民靠种植竹荪鼓了腰包。除了产和销外,能不能在竹荪产品加工上再做文章,通过延伸竹荪种植产业链来增加农民收入呢?

记者从顺昌县了解到,该县正在开发盐水竹荪球、竹荪鲍鱼等系列产品。竹荪协会一位负责人告诉记者,盐水竹荪球、竹荪鲍鱼等产品还没有打开市场,目前只有小部分销售到台湾。开发盐水竹荪等产品可以使竹荪的采摘期提前,另外盐水竹荪球不需要烘烤,节省了工时成本。如果销售市场打开,对于菇农而言,增收效果是明显的。而开发小包装竹荪则更适合进军超市商场,凸显价值。

据介绍,在竹荪产区,每年都有大量的菇盖、菇托等丢弃在田间地头,在竹荪的烘烤过程中,总会有一部分竹荪碎裂。竹荪被证明具有极好的防腐功效,破碎的竹荪裙中一样富含氨基酸等多种营养物质,这些材料如果能实现提炼加工等技术突破,开发出防腐保鲜剂、营养保健品等产品,也会给菇农带来一笔不小的收入。"农民要增收,产业链条延伸值得探索。"这位负责人说。

附 录 二

科普战线的楷模
——记全国农村科普先进工作者 高允旺

《福建科技报》2007 年 1 月 16 日头版"科技人物"专栏报道

瘦高的身体、炯炯有神的眼睛、和蔼可亲的面容,勾勒出了一位普通乡镇科协干部风里来、雨里去的精干形象,他就是顺昌县大历镇科协秘书长——高允旺。高允旺艰苦朴素、任劳任怨,心里装的只有党和人民的事业,只有平凡的农村科普工作,他的名字在顺昌县大历镇从这村传到那村,响彻闽北大地,传遍省内外,也正是由于他那激情如火、活力四射的个性和严以律己,乐于助人,无私奉献,爱岗敬业的工作作风,给接触过他的每个人留下难以忘怀的深刻印象。

发愤读书 报效乡亲

高允旺出生于一个普通的闽北山区农民家庭,亲眼看到20 世纪 90 年代初,闽北农民"仓廪粮满愁买主"、"柑橘烂树梢"、"西瓜河里漂"等刻骨铭心的一幕幕,至今常常浮现在眼前,令人痛心不已。中专毕业后分配到顺昌县大历镇担任科协秘书,他热心科普事业,热爱科普工作,干一行、爱一行、钻一行、专一行,使自己从外行到内行,为报效父老乡亲找到了用武之地。

攻坚破难 擘缨前行

在顺昌县大历镇科协秘书长平凡岗位上,23 年来,他靠自己的勤劳和智慧带领着广大农民群众走上依靠科技发展食用菌致富奔小康的道路上。这位半路出家的竹荪专家,研究出竹荪"三增加、建堆发酵"的高产栽培技术,将每 667 米² 产量从原来不足 50 千克发展到 100 多千克,大历镇也成为远近闻名的"竹荪之乡"。老高办起了"产销接待室",在每 5 天一墟的农村墟日设立接待日作为他的固定服务日,专门举办竹荪"论坛",既不误农时,又方便农民。他的做法得到有关部门的好评,获赠一批科技书籍和报刊,还得到省长专项基金拨款补助,添置了电脑、摄像机、扫描仪、传真机,联上了互联网,让"沉"在大山的菇农足不出户就能知晓全国竹荪资讯。

大历竹荪　享誉八闽

高允旺身怀绝技,群众威信很高。他带领农村干部深入田间地头,为农民群众办实事、办好事,风里来雨里去同农民群众打成一片,根据当地农业产业化的发展,创造性地开展农村科普活动,牵头成立顺昌县竹荪协会,创办了竹荪高新研究所,为大历镇农业经济的快速发展,农民增收做出了突出贡献。他发挥本人特长和技术优势,先后举办柑橘、竹荪科技培训班 58 期,参加培训达 2 380 人,培养了一大批用得着、留得住、永不走的乡土人才,还应邀到江西黎川、宜黄等县举办竹荪专业技术培训班。高允旺撰写《竹荪高产栽培新技术》一书,被南平市指定作为闽北 10 个县(市、区)农函大教学的辅导材料。今年仅顺昌县就种植竹荪面积 733 公顷,全国各地推广应用这一新技术种植面积 0.33 万公顷,累计为菇农增收上千万元。顺昌县大历镇被南平市评为"科普先进镇"和"竹荪之乡"的荣誉称号,竹荪种植面积不断扩大和产量的提高,顺昌县一跃成为中国竹荪的主产区。高允旺也先后被大历镇授予最受群众欢迎的干部、顺昌县授予劳动模范、被南平市委和市政府评为南平市明星科技特派员、优秀流通助理,还被中国、福建省科协评为农村科普先进个人等光荣称号。

勤奋工作　无私奉献

　　高允旺创办了顺昌大历竹荪研究所,成功解决了竹荪种植产量低的最大难题,农民们把这一技术当成绝活,一传十、十传百,外乡村的菇农也来科普服务站咨询,高允旺总是一一作答,直到掌握为止。高允旺创建了顺昌县竹荪协会,发展会员1 057人,组建流通队3支12人。2005年底,老高以大历竹荪栽培研究所名义又申报了"大历牌"竹荪商标,给高产、优质的大历竹荪打上"标记",贴标后的"大历"牌竹荪售价每千克同比其他竹荪价格高出10元左右。高允旺创建的顺昌县竹荪协会被南平市列为示范协会。协会根据生产季节对竹荪市场进行事前、事后预测预报,事中指导农民种植,开展"流通抓项目,协会连万家,产业树品牌"等活动,已注册"大历竹荪"商标,建立食用菌一条街,上互联网推销,在中央电视台露脸,与省、市、县信息中心对接,上联市场,下接农户,引来客商争购。2006年,各地客商到大历上门订购,大历竹荪供不应求。如今,"大历竹荪"以高产优质占领全国食用菌竹荪市场。众多农民朋友要感谢他、报答他,高允旺总是说:"我所干的工作,是党和人民赋予我的职责,我工作的根本目标就是践行'三个代表'重要思想和'八荣八辱'基本要求"。他是这样说的,也是这样做的。

参 考 文 献

[1] 戴芳澜．中国真菌总汇[M]．北京:科学出版社,1979.

[2] 杨新美．中国食用菌栽培学[M]．北京:中国农业出版社,1988.

[3] 黄年来．中国食用菌百科[M]．北京:中国农业出版社,1993.

[4] 卯晓岚．中国大型真菌[M]．郑州:河南科学技术出版社,2000.

[5] 丁湖广．竹荪制种与栽培新技术[M]．北京:中国农业出版社,1992.

[6] 张甫安,等．中国竹荪驯化栽培大观[M]．上海:上海科普出版社,1992.

[7] 姜守忠,等．竹荪栽培与制种技术[M]．贵阳:贵州科技出版社,1992.

[8] 丁湖广,等．草生菌高效栽培技术问答[M]．北京:金盾出版社,2009.

[9] 吴勇,等．竹荪栽培与加工技术[M]．贵阳:贵州科技出版社,1997.

[10] 李玉春．中国食用菌年鉴[G]．北京:中国食用菌年鉴编辑委员会,2008.

[11]　郑美腾．福建食用菌[M]．北京：中国农业出版社，2000．

[12]　李树萍．中国食用菌产业发展报告[C]．北京：中国食用菌产业发展战略高层论坛资料，2007．

[13]　张学敏，等．食用菌病虫害防治[M]．北京：金盾出版社，1994．